Patricia Troyer
Kristalle

EDITION ROTER LÖWE

Der rote Löwe verkörpert die belebende, antreibende
Energie von Sulfur, einem der Grundelemente im alchi-
mistischen Transmutationsprozeß. Sulfur ist die Kraft,
die verändert, veredelt und auf eine höhere Ebene bringt.
Ziel dieser Edition ist es, esoterisches Wissen und Erkenntnisse aus der transpersonalen Psychologie verständ-
lich und komprimiert darzustellen und damit ganz
persönliche Wandlungsprozesse in Gang zu bringen.

In derselben Reihe:
Ägyptische Mysterien
Alchimie
Astrologie
Buddhismus
Die Chakras
Esoterik
Gnostizismus
Die Göttin
Der Gral
Handlesen
Die Kabbala
Kräuterkunde
Meditation
Naturmagie
Numerologie
Pendeln
Psychosynthese
Ritualmagie
Die Runen
Sufi-Praxis
Taoismus
Tarot
Visualisieren
Yoga
Zen

Patricia Troyer

KRISTALLE

Edition Roter Löwe im
AURUM VERLAG · BRAUNSCHWEIG

Das amerikanische Original erschien unter dem Titel
»Crystal Personalities« bei Stone People Publishing
Company, Peoria, Arizona.

Ins Deutsche übersetzt von Dr. Birgit Weiß

Gesamtgestaltung: Sabine Schönauer-Kornek
Umschlagfoto: Studio Druwe/Polastri
Illustrationen: Eric Lovstad

Die Deutsche Bibliothek – CIP-Einheitsaufnahme

Troyer, Patricia:
Kristalle / Patricia Troyer. [Ins Dt. übers. von
Birgit Weiß]. – Braunschweig : Aurum-Verl., 1996
(Edition Roter Löwe)
Einheitssacht.: Crystal personalities <dt.>
ISBN 3-591-08400-X

1996
ISBN 3-591-08400-X
© 1995 Patricia Troyer
© der deutschen Ausgabe Aurum Verlag GmbH,
Braunschweig
Gesamtherstellung: Westermann Druck Zwickau GmbH

INHALT

Dieses Buch ist Dawn Lovstad, Charlotte Johnson, Kathryn Pinnella, Michael Marothey und Dixie McGuire gewidmet. Und den vielen anderen Freunden und Helfern, die mich so bereitwillig mit ihrer Zeit und ihrem Rat unterstützt haben. Außerdem widme ich es allen Kristallliebhabern.

ÜBER DIESES BUCH

Dies ist ein Nachschlagewerk. Es wurde geschrieben, um Ihnen die schnelle Identifizierung von Bergkristallformen (in der Mineralogie als »Habitus« benannt) zu ermöglichen. Alle Informationen in diesem Buch wurden durch intensive Suche in mineralogischen und spirituellen/metaphysischen Quellen zusammengetragen und durch unsere persönlichen Erfahrungen ergänzt. Dennoch soll dieses Informationspaket beileibe nicht das letzte Wort über Bergkristalle und die ihnen innewohnenden Fähigkeiten sein. Ich hoffe sehr, daß es Sie ermutigen wird, Ihren eigenen Reaktionen auf Kristalle mehr als bisher zu vertrauen. Gleichzeitig soll es Ihnen langwierige Nachforschungen an Plätzen ersparen, an denen wir schon für Sie waren. Aber natürlich soll dieses Buch Sie nicht daran hindern, Ihre eigenen Erfahrungen zu machen. Ich bin überzeugt, daß Sie noch weitere, bisher nicht berücksichtigte Kristallformationen entdecken werden. Suchen Sie nach Aufgaben, für die diese Kristalle geschaffen wurden, und nach Möglichkeiten, die in ihnen schlummern!

Bedenken Sie aber immer, daß alles, was Sie in der Gegenwart von Kristallen erleben, für *Sie* gilt, und daß Ihre Empfindungen immer sehr persönlich und individuell sind. Lassen Sie sich durch niemanden von ihren eigenen Erfahrungen abbringen, auch nicht durch mich. Es gibt keine falschen oder richtigen Gefühle. Ich garantiere Ihnen, daß Sie nichts verlieren, aber viele Erkenntnisse über sich selbst gewinnen können.

Verlieren Sie nicht den Mut, wenn Sie nicht alle Kristalle finden, die in diesem Buch aufgelistet sind. Einige von ihnen sind sehr selten und schwierig zu bekommen, und einige, wie die Erdenhüter, sind sowieso zu groß, um sie mit nach Hause zu nehmen. (Ich weiß es wirklich – wir haben es versucht!)

BERGKRISTALLE: WAS KÖNNEN SIE WIRKLICH?

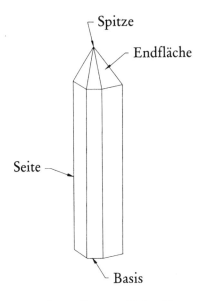

Spitze

Endfläche

Seite

Basis

Die meisten Menschen, die von Kristallen sprechen, meinen Bergkristall, die häufigste Quarzform auf unserem Planeten. Fachleute schätzen, daß etwa ein Drittel der Erdkruste aus Quarz besteht. Physikalisch gesehen ist Bergkristall festes Siliziumdioxid (Silizium und Sauerstoff) mit der chemischen Formel SiO_2. Bergkristalle haben ein hexagonales Kristallsystem und die Härte 7 auf der Mohs-Skala. Die meisten Bergkristalle sind zwischen 100 und 125 Millionen Jahre alt, behandeln Sie diese ehrwürdigen Alten also mit gebührendem Respekt.

Alle Bergkristalle haben eine exakte hexagonale Anordnung der Atome, die Schraubenachse genannt wird. Diese innere Kristallstruktur dreht sich entweder rechts- oder linksherum, und sogar Mineralogen sind sich nicht sicher, warum manche so und andere anders herum laufen, sogar innerhalb derselben Kristallgruppe. Aber es ist diese zuverlässige Anordnung der Atome, die den Bergkristallen ihre unschätzbaren Qualitäten verleiht.

Obwohl von Kristallen meist als »durchsichtig« gesprochen wird, müssen sie das überhaupt nicht sein. Oft sind sie milchig-trüb mit sichtbaren oder unsichtbaren Einschlüssen von Wasser, Luft, Gasen oder anderen Mineralien. Völlig klarer Quarz ist auf den heutigen Märkten schwer zu finden, und sein Preis steigt ständig. Sogar Versicherungsgesellschaften haben Kristalle mittlerweile als Wertanlage entdeckt.

Neben Bergkristall gibt es noch viele weitere Mitglieder in der Quarzkristallfamilie: Amethyst, Ametrin, Citrin, Rosenquarz, Rauchquarz, Rutilquarz, Turmalin, Agat und Jaspis. Alle diese Steine werden in Mineralienbüchern mit der chemischen Formel SiO_2 geführt, obwohl es offensichtlich ist, daß sie Einschlüsse anderer Substanzen haben. Das Gute dabei ist, daß Sie, wenn Sie die Formel SiO_2 für Ihren Stein finden, genau wissen, daß Sie es mit einem Quarzkristall zu tun haben. Und auf der Quantenebene verhalten sich alle Quarzkristalle gleich.

Wie aber arbeiten Kristalle mit Ihnen und für Sie? Stark vereinfacht gesagt schwingt die Energie, die Bergkristalle ausstrahlen, auf der Quantenebene in Harmonie mit menschlichen (und anderen) Energiefrequenzen. Ton, Farbe und Licht sind Energien mit einer unterschiedlichen Schwingungsfrequenz. Zum Beispiel schwingt in dem für das menschliche Auge sichtbaren Teil des Spektrums die Frequenz, die die Farbe Rot erschafft, am langsamsten, die der Farbe Violett dagegen am schnellsten. Und weil der menschliche Körper neben vielem anderen auch ein großer Schwingungsempfänger ist (und sogar spezielle Körperteile entwickelt hat, um bestimmte Schwingungen aufzunehmen und zu verarbeiten: Augen, Ohren, Haut, Nervensystem usw.), können wir unser Gehirn mit einem Tuner und unser Nervensystem mit einer Antenne vergleichen. Kristalle können dann als Satellitenschüsseln, Radar, Verstärker, CDs oder sogar Computernetzwerke fungieren. Mit anderen Worten: Sie verstärken und erweitern auf natürliche Weise die Kräfte jedes dieser Bereiche. In der Tat ist die Hauptfunktion von Kristallen die der Verstärkung.

Wenn Sie also einen Kristall in der Hand halten, und sei es nur für einen kurzen Moment, beginnt er in Harmonie mit der Frequenz Ihres physischen Körpers zu schwingen. Wie Mitglieder eines Orchesters oder eines Chores spielen die verschiedenen Kristalle ihre einzigartigen Töne (Frequenzen). Es sind nicht dieselben, die Sie spielen, aber es sind *harmonisierende* Noten, die Ihre eigenen verstärken und intensivieren. Die Frequenzen der Kristallenergien unterstützen uns außerdem dabei, Informationen aus dem Unterbewußtsein an die Oberfläche zu holen. Informationen, die wir auf einer Ebene unseres Seins schon längst »wissen«, über die wir aber im Moment, aus welchen Gründen auch immer, nicht verfügen.

Natürlich geformte Kristalle sind synchronisiert, das heißt, sie schwingen in Übereinstimmung mit der ursprünglichen kosmischen Kraft, mit dem Leben selbst. Mit anderen Worten: Quarzkristalle (auch in ihren rohen, ungeformten Stadien) sind in Harmonie mit der Lebensenergie. Der schon beschriebene präzise innere Aufbau garantiert diese konstante und immer vorhandene Harmonie, und Kristalle können uns dadurch helfen, im wahrsten Sinne des Wortes »im Einklang« zu bleiben. Darum tut es so gut, wenn Sie mit einem Kristall meditieren, einen halten, mit ihm schlafen oder auch nur Kristalle um sich haben. Die Kristalle sind ständig automatisch damit beschäftigt, Sie in harmonische Verbindung mit der Lebensenergie zu bringen. Dadurch kommen Sie stärker in Einklang mit dem Leben. Es ist dabei wichtig, daß jeder Kristall ein einzigartiges Individuum ist, das seine eigene harmonische Frequenzschwingung hat. Darum macht es natürlich einen Unterschied, welchen Kristall Sie wann benutzen.

Kristalle haben keine elektrische Energieladung (wie zum Beispiel eine Batterie), aber wenn man sie reibt, produzieren sie immer elektrische Ladung. Diese Eigenschaft macht sie zu den Lieblingen der Ingenieure. Tatsächlich sind Kristalle in der Technik so wichtig geworden, daß sie mittlerweile in Laboratorien unter kontrollierten Bedingungen herangezogen werden. Damit soll gewährleistet werden, daß ihr Aufbau absolut perfekt ist. Denn während Kristalle erstklassige Leiter für fast jede Art von Energie sind, sind sie gleichzeitig auch sehr schlechte Leiter für Wärme und Kälte. Aus diesem Grund sollten Kristalle keinen schnellen Temperaturwechseln ausgesetzt werden. Bringen Sie zum Beispiel niemals einen kalten Kristall in heißes Wasser oder einen warmen in kaltes. Lassen Sie den Kristall sich erst an die Zimmertemperatur gewöhnen. Wie die meisten Mineralien sind Kristalle sehr empfindlich und bekommen unter bestimmten Bedingungen (dazu gehören auch extreme Temperaturwechsel) leicht Sprünge.

Dennoch ist es meine feste Überzeugung, daß angeschlagene oder sonstwie »unvollkommene« Kristalle nicht notwendigerweise die Qualitäten verlieren, über die wir eben gesprochen haben. Einige meiner persönlichen Lieblinge sind schlimm behandelt worden und haben trotzdem weiterhin die schönsten Regenbogen oder »fühlen« sich bestens an. Wir nennen diese Kristalle, abhängig vom Grad ihrer Beschädigung, »Krieger-« oder »Einfühlsame Kristalle« und haben herausgefunden, daß sie außergewöhnlich nützliche Erinnerungen daran sind, daß rauhe Behandlungen des Lebens uns weder herabsetzen noch schwächen. Oft ist es sogar die Wunde selbst, die den Regenbogen im Kristall erst erscheinen läßt. Solche Kristalle sind gute Erinnerungen daran, daß wir die Kraft haben, dasselbe zu tun (siehe Regenbogenkristall). Wenn ein Stein dies kann, können Sie es mit Sicherheit auch!

Bleikristall ist übrigens kein Quarzkristall, sondern Glas, mit Blei gemischt. Obwohl Bleikristallprismen das Licht in seine Spektralfarben brechen, haben sie nicht die Qualitäten und Eigenschaften natürlicher Quarzkristalle.

DIE SYMBOLIK VON KRISTALLEN

Seit den frühesten Tagen unseres Planeten symbolisieren Steine spirituelle Wahrheit oder sogar Gott selbst. Sie sind Symbole für die menschliche Seele oder den sich in Materie manifestierenden Geist, Symbole für inneres Wachstum, für Dauer und für greifbares Wissen. Bergkristalle sind außerdem uralte Symbole für das »Licht des Geistes«. Sie repräsentieren spirituelle Wahrheit, die vom menschlichen Verstand empfangen wird, da Wahrheit in der Lage ist, durch das Medium der Persönlichkeit zu wirken. Sie sind Symbole für Selbsterkenntnis, Einsicht und den passiven Aspekt des menschlichen Willens. Bergkristalle symbolisieren außerdem Reinheit, Klarheit, die Vereinigung von Gegensätzen (Geist und Materie) und die Wahrheit der höheren Ebenen der Existenz. Und als ob all dies noch nicht genug ist, haben Kristalle meist dieselbe Symbolik wie Diamanten, wahrscheinlich weil in früheren Zeiten oft kein Unterschied zwischen den beiden gemacht wurde.

Natürlich geformte Bergkristalle symbolisieren das gesamte Potential der menschlichen Evolution in der dritten Dimension. Die sechs Seiten eines Kristalls symbolisieren die sechs Hauptenergiezentren des Körpers (die Chakras) und seine Spitze repräsentiert das siebte Chakra, welches uns mit der Unendlichkeit verbindet. Auf der Reise zur Wiederverbindung mit der Quelle ist es der Menschheit möglich, durch Meisterung der Energien der sechs Hauptchakras das siebte Chakra zu erreichen.

Kirlianfotografien von Bergkristallen zeigen ein weißes Licht, das aus einem blauen, sternartigen Zentrum ausstrahlt, ein weiteres gutes Symbol. Und weil jeder Kristall ein Individuum ist, ist eine Kirlianfotografie für ihn genauso kennzeichnend wie für einen Menschen. Experimente mit der Kirlianfotografie haben gezeigt, daß sich das Energiemuster eines Kristalls in Abhängigkeit von der Umgebung ändert. Auch dies haben Kristalle und Menschen gemeinsam.

Die Auswahl eines Kristalls und die Überprüfung seiner Energiemuster

Bei der Auswahl und Benutzung von Kristallen sollten Sie sich völlig auf Ihre Intuition verlassen. Es ist wirklich so einfach, und es gibt keinen mystischen, magischen Weg, Kristalle auszuwählen. Und bitte halten Sie Ihren Verstand heraus. Wenn Sie einen Kristall wollen, der »Sinn macht«, sollten Sie besser Quantenphysik studieren und Kristalle dann aus dieser Richtung betrachten. In der Zwischenzeit versuchen Sie besser, Ihrer Intuition zu vertrauen.

Wenn Sie den Energiefluß und Einflußbereich eines Kristalls überprüfen wollen, nehmen Sie ein Pendel und halten es ungefähr 10 Zentimeter über den Kristall. Halten Sie die Hand ganz still und erlauben Sie dem Pendel, sich selbst zu bewegen. Die erste Pendelbewegung zeigt die primäre Energieschicht des Kristalls. Jede weitere Bewegung zeigt weitere Energielagen an und macht sichtbar, wie sich die Energie vom Stein aus bewegt. Während dieser Überprüfung sollten Sie sich nicht zu nahe an anderen Steinen, Computern, Mikrowellengeräten oder Fernsehern aufhalten, da diese die natürlichen Energiemuster verändern und zu falschen Ergebnissen führen können. Wenn Sie mit dem Pendel experimentieren, werden Sie entdecken, daß die Energie nicht bei allen Kristallen aus der Spitze herausfließt – manchmal verläuft sie im Kreis oder in noch anderen Mustern. Auch haben nicht alle Kristallkugeln kreisförmige Energiemuster – manchmal sind sie eckig, eiförmig oder noch ganz anders. Sie können diese Pendelmethode benutzen, um den natürlichen Energiefluß in allem möglichen festzustellen, auch in Ihrem Essen. Wenn sich Ihr Pendel nicht bewegt, ist der wahrscheinlichste

Grund, daß Ihr Zweifel seine Bewegung stoppt. Aber selbst dieser Effekt kann Ihnen zeigen, wie stark Ihr Geist wirklich ist. Versuchen Sie es nur!

Es ist meine feste Überzeugung, daß Bergkristalle uns helfen, stärker mit unserer eigenen Intuition in Kontakt zu kommen. Wenn Sie mit Kristallen arbeiten, werden Sie beginnen, Ihren Gefühlen stärker zu vertrauen, zum Beispiel über das, was in Ihrem persönlichen Wachstumsprozeß zur Zeit ansteht und am besten ist. Kristalle sind außergewöhnlich gute Gedächtnisstützen, die uns helfen können, unser Denken und Verhalten zu ändern. Zum Beispiel könnten Sie einen Artemiskristall auswählen, wenn Sie daran erinnert werden wollen, geradewegs auf ein Ziel zuzugehen. Oder Sie nehmen einen Selenenkristall, der Sie daran erinnert, mehr »aus dem Bauch heraus« zu handeln. Kristalle und andere Mineralien machen die Dinge einfach viel sichtbarer und konkreter.

Die meisten Kristalleffekte sind sehr subtil und oft nur mit viel Erfahrung wahrnehmbar. Erwarten Sie also nicht, von einem weißen Blitz getroffen zu werden oder sofort die Erleuchtung zu erlangen. Auch sind die Auswirkungen oft nur von kurzer Dauer. Es dauert ungefähr 15 Minuten, bis alles, was in einem Radius von einem Meter um unseren physischen Körper herum ist, von dem Kristall und seinen verschiedenen Energieschichten aufgenommen wird. Werden Sie also nicht ungeduldig, wenn Sie nicht sofort etwas spüren. Starke Reaktionen auf einen Kristall können Ihnen zeigen, daß hier im Moment ein großes Energiedefizit ist. Es bedeutet jedoch nicht, daß Sie ein Kristallheiler aus Atlantis sind oder es Ihnen an Spiritualität fehlt.

Jeder starke bewußte oder unbewußte Widerstand wird die Wirkung des Kristalls stören oder sogar umlenken. Der Vorteil davon ist, daß man einen Kristall gut verschenken kann, wenn man eine Möglichkeit sucht, jemandem zu helfen, ohne ihm oder ihr zu nahe zu treten. Wenn die Wachstumsschritte der jeweiligen Person die Energie des Kristalls nicht brauchen oder nicht haben wollen, werden sie sie einfach ignorieren oder umlenken, ohne Schaden für irgend jemanden. Aber Sie wissen wenigstens, daß Sie es versucht haben, ohne sich aufzudrängen.

Erinnern Sie sich... alles was Sie in der Gegenwart Ihrer Kristalle fühlen, hat Bedeutung für *Sie*. Machen Sie sich keine Gedanken darüber, was Ihre besten Freunde fühlen. Sie sind ein Individuum, wie auch Ihr Bergkristall eines ist. Es ist also höchst unwahrscheinlich, daß zwei verschiedene Personen und zwei verschiedene Kristalle in haargenau derselben Weise interagieren. Oft werden Sie auch bei sich selbst zu verschiedenen Zeiten unterschiedliche Reaktionen auf ein und denselben Kristall feststellen können.

Bleiben Sie also wachsam, vertrauen Sie Ihrer Intuition und Ihrem Wissen, und behandeln Sie Ihre Kristalle mit genausoviel Respekt, wie sie Sie behandeln. Sie stehen am Anfang einer völlig neuen Welt von Informationen. Die Kristallenergie ist real, aber es ist wie mit allen Dingen: Ihre Erfahrungen sind *Ihre* Erfahrungen, und nicht die eines anderen. Ehren Sie das.

BEHANDLUNG UND PFLEGE VON KRISTALLEN

Das Wichtigste, was Sie bei Mineralien beachten müssen, ist ihre große Zerbrechlichkeit. Stücke brechen ab, sie bekommen Sprünge oder zerbrechen bei dem kleinsten Stoß wie feines chinesisches Porzellan. Der mineralogische Begriff »Härte« dient nur der Vergleichbarkeit verschiedener Mineralien miteinander, er hat überhaupt nichts damit zu tun, wie stabil oder unzerbrechlich Ihr Stein ist. Die Härte auf der Mohs-Skala bedeutet in diesem Zusammenhang nur, daß ein Stein mit der Härte 10 einen mit der Härte 9 zerkratzen kann, einer mit der Härte 5 einen mit 4 und so weiter. Hier einige Ratschläge für die Behandlung von Kristallen:

Wenn sie depressiv oder wütend sind, sollten Sie sich von Ihren Kristallen fernhalten. Kristalle verstärken nicht nur »gute« Energie, sie verstärken *jede* Energie. Sie können nicht unterscheiden. Kristalle geben auch unproduktive Gefühle und Gedanken verstärkt an Sie und an jeden anderen zurück, der sich unglücklicherweise im Radius von einem Meter um sie herum befindet. Wenn Sie depressiv oder ärgerlich sind, benutzen Sie lieber andere Steine (z. B. Aragonit oder Lepidolith), aber keinen Bergkristall. Eine mögliche Ausnahme ist der Rauchquarz, aber handeln Sie dabei nach Ihrem Gefühl.

Sie sollten die Kristalle einer anderen Person niemals berühren, ohne vorher um Erlaubnis zu fragen. Einige Menschen reagieren auf so etwas sehr empfindlich, und wenn ein Kristall an einer gut sichtbaren Stelle aufgestellt ist, bedeutet das nicht, daß man ihn anfassen darf. Zeigen Sie Respekt – fragen Sie.

Auch Sie sollten die Kristalle, die Sie sehr oft verwenden, nicht von anderen Menschen anfassen lassen. Wenn Sie aus einem bestimmten Grund mit einem Kristall arbeiten, ist es wichtig, daß Ihrer beider Frequenzen ohne störende andere Frequenzen interagieren können. Aber auch hierbei sollten Sie Ihrer Intuition vertrauen.

Setzen Sie Amethyst niemals längere Zeit dem direkten Sonnenlicht aus. Das Eisen im Amethyst ist instabil, und das wundervolle Violett wird blasser und kann nicht zurückgeholt werden.

Setzen Sie Ihre Kristalle über längere Zeit keinem Kunstlicht aus, besonders keinem fluoreszierenden Licht. Die Molekularstruktur der Kristalle kann durch die Brechungseffekte künstlicher Lichtfrequenzen beschädigt werden. Ändern Sie den Standort der Steine, die Fluoreszenzlicht ausgesetzt sind, immer wieder, bis sie genauso lange in natürlichem Licht gestanden haben. Es nützt auch nichts, sie in ein Fenster zu stellen, da das heutige Fensterglas ultraviolette Strahlen meist herausfiltert. Sie werden sich ohnehin zu unterschiedlichen Zeiten von unterschiedlichen Kristallen angezogen fühlen, es ist also aus vielen Gründen besser, sie immer mal wieder auszutauschen. So bleiben alle glücklich und gesund.

Halten Sie Kristalle von allen magnetischen Quellen fern. Wie bei Computerdisketten wird sonst ihr natürliches Programm gelöscht.

Wenn Sie einen Kristall mit Salz gereinigt und wiederaufgeladen haben, verwerfen Sie das Salz, verwenden Sie es nicht noch einmal. Salz hält die alten Energiefrequenzen fest und wird sie an jeden neuen Kristall abgeben, mit dem es in Berührung kommt. (Siehe auch: Die Reinigung von Kristallen.)

Wenn Sie mit Kristallen verreisen, wickeln Sie sie in weiche Tücher ein.

Lassen Sie Ihre Kristalle im Sommer nicht im Auto oder an anderen der Sonne ausgesetzten Plätzen liegen. Sie könnten dort nicht nur zerspringen oder explodieren, sondern durch die Lichtbündelung sogar einen Brand verursachen.

Setzen Sie Kristalle niemals Frost aus. Die inneren Gase, das Wasser oder andere Einschlüsse werden gefrieren und sich ausdehnen. Ihr Kristall könnte zerspringen oder platzen.

DIE REINIGUNG VON KRISTALLEN

Wenn Sie beginnen, Ihrer Intuition zu vertrauen, werden Sie feststellen, daß Sie es immer genau wissen, wenn es an der Zeit ist, einen Kristall zu reinigen und zu reenergetisieren. Und Sie werden auch wissen, wie Sie das tun müssen. Benutzen Sie die Reinigungsmethode, die Ihnen am geeignetsten erscheint. Es gibt hier kein Richtig oder Falsch, und keine Methode ist der anderen vorzuziehen. Es hängt einzig und allein von dem Kristall, seinen Aufgaben und seinem Standort ab.

Die Zeit, für die man einen Kristall im Reinigungsprozeß belassen sollte, beträgt zwischen fünf Minuten und drei Wochen, manchmal sogar noch länger. Ich persönlich habe niemals einen Stein länger als drei Wochen gereinigt, aber es mag immer Ausnahmen geben, besonders bei Mineralien, die für alternative Heilungen verwendet wurden. Generell gilt, daß man keine Seife für die Reinigung benutzen und Kristalle niemals mit rauhen Materialien abreiben sollte. Die meisten Steine lassen sich leicht zerkratzen, und Seife hinterläßt immer einen Film. Einige Mineralien dürfen unter keinen Umständen mit Wasser in Berührung kommen, da sie sich sonst auflösen (z. B. Calcit, Halit, Selenit usw.).

Hier einige der Standardmethoden zum Reinigen und Aufladen von Kristallen:

Ätherische Öle. Reiben Sie Ihre Kristalle mit reinen ätherischen Ölen ab. Auch andere Steine können mit Ölen behandelt werden, vergewissern Sie sich jedoch vorher, daß die Oberfläche nicht porös ist. Sonst zieht das Öl in den

Stein ein, und er verfärbt sich oder wird fleckig. Reine ätherische Öle (die Betonung liegt auf *rein*) sind außerdem sehr nützlich bei der Programmierung von Kristallen; wählen Sie einfach ein Öl, das zu Ihrem Programm paßt.

Fließendes Wasser. Wenn Sie an einem Ort sind, wo andere Methoden unpraktisch wären, können Sie Ihren Kristall einige Sekunden lang unter kühles, nicht kaltes, fließendes Wasser halten. Dies reinigt und energetisiert ihn und ist alles, was nötig ist. Einige Mineralienbücher empfehlen gereinigtes Wasser für die Reinigung, lassen Sie aber auch dabei Ihre Intuition spielen. Und nochmals: Reinigen Sie keine porösen oder wasserlöslichen Mineralien mit Wasser.

Gesellschaft. Kristalle und Mineralien lieben es, mit anderen Kristallen und Mineralien zusammen zu sein. Gruppieren Sie Ihre Steine in verschiedenen Mustern, und setzen Sie sie auch mal in Pflanzen hinein.

Hämatit und Pyrit. Wenn Sie Ihren Kristall auf ein Stück Hämatit oder Pyrit legen, reinigen, erden und laden Sie ihn zur selben Zeit. Dies ist eine besonders gute Methode, wenn der Kristall vorher programmiert oder zur Meditation und für andere geistige Übungen verwendet wurde.

Klänge. Kristalle und andere Mineralien können durch Klänge programmiert und reenergetisiert werden. Musik funktioniert dafür sehr gut, das Beste ist jedoch der Klang Ihrer eigenen Stimme. Kristalle sind außergewöhnlich empfänglich für Klangmuster, es kommt also nicht auf die Worte an, sondern auf die Töne und ihre Intensität.

Kristallgruppen. Kristalle und andere Mineralien können gereinigt und aufgeladen werden, indem man sie auf eine Bergkristallgruppe legt. Dies ist eine gute Möglichkeit, in

Schmuck eingefaßte Steine zu revitalisieren, ohne das Metall zu beschädigen.

Kupfer. Kupferstücke sind hervorragende Erholungsstätten für Kristalle. Kupfer ist einer der besten Energieleiter und lädt so gut wie alles schnell und effektiv auf. Sie können sogar ein »Kristallkrankenhaus« erschaffen, indem Sie eine Kupferpyramide auf ein flaches Stück Kupfer stellen.

Mond und Sterne. Es wird allgemein geglaubt, daß Kristalle, die draußen dem Mond- und Sternenlicht ausgesetzt sind, gereinigt und energetisiert werden und die Frequenz des Mondes und der Sterne speichern. Es ist am besten, wenn Sie Ihre Kristalle dazu auf den Boden oder auf ein Bett aus Holz oder Salbei legen. Mondlicht wird auch benutzt, wenn man einen Kristall auf die Verstärkung von intuitiven Fähigkeiten oder Yin-Qualitäten programmieren will.

Rauch. Räucherware sollte immer mit besonderer Vorsicht angewendet werden. Entzünden Sie einen Smudge Stick und löschen Sie die Flamme durch vorsichtiges Wedeln über einem feuerfesten Gefäß. Manche Menschen nehmen auch große Muscheln dafür. Es ist nur der Rauch, den Sie wollen, nicht die Flamme. Bewegen Sie den Stick um sich selbst und um die Kristalle herum und vergewissern Sie sich, daß die Steine mehrere Male vom Rauch durchzogen werden. Um den Rauch besser zu verteilen, können Sie auch eine Feder oder einen Fächer einsetzen. Wenn Sie den Smudge Stick wieder löschen wollen, stecken Sie das rauchende Ende einfach in Sand oder Erde. Sie können es auch mit Wasser löschen, aber dann müssen Sie vor dem erneuten Benutzen warten, bis das Bündel wieder völlig trocken ist. Bevor Sie den Stick weglegen, sollten Sie sich immer vergewissern, daß das Feuer vollständig aus ist.

Es kann noch eine ganze Weile weiterglühen, ohne daß man es bemerkt.

Salz. Kristalle mit Salz zu bedecken ist eine der bekanntesten Methoden zur Reinigung von Steinen. Jede Art von Salz erfüllt diesen Zweck, und meiner Meinung nach muß es nicht unbedingt das teure Meersalz sein. Legen Sie den Kristall in eine weiße Keramikschale (bitte niemals Metall mit Salz verwenden) und schütten Sie soviel Salz hinein, bis der Stein bedeckt ist. Es können auf diese Weise gleichzeitig mehrere Steine gereinigt werden, aber wie schon gesagt: Benutzen Sie das Salz nach der Prozedur nicht noch einmal.

Sonnenlicht. Trotz all meiner Warnungen vor dem Sonnenlicht stimmt es, daß die Sonne Kristalle und andere Mineralien auflädt und reinigt. Der Schlüssel dabei ist die Dauer. Im Sommer, wenn die Sonneneinstrahlung sehr intensiv ist, dauert es nur Sekunden, bis ein Kristall unter den richtigen Bedingungen ein Feuer entfacht. Sekunden, nicht Minuten oder Stunden! (Wenn Sie natürlich in der Wildnis verlorengegangen sind und ein Feuer brauchen, ist das eine sehr gute Sache.) Zuviel Sonne kann Ihren Kristall auch zerspringen oder reißen lassen. Auch Kristalle, die völlig rein erscheinen, enthalten mikroskopisch kleine Einschlüsse von Luft, Wasser oder Gasen, die sich erhitzen und ausdehnen können.

Denken Sie daran, daß immer Sie selbst am besten entscheiden können, wann und wie Ihre Kristalle gereinigt und aufgeladen werden sollen. Vertrauen Sie Ihrer Intuition und lernen Sie Ihre Steine soweit kennen, daß Sie merken, wenn sie Aufmerksamkeit und Zuwendung brauchen. Sie sind nicht viel anders als Menschen.

MÖGLICHE NEBENWIRKUNGEN

Man kann Kristalle und andere Mineralien als »Energie-
vitamine« ansehen, als Quellen der Energieversorgung.
Manchmal braucht man mehr Vitamin C, manchmal mehr
Vitamin E und manchmal gleich alle auf einmal. Sie werden
automatisch von dem Kristall angezogen, dessen energeti-
sche Unterstützung Sie im Moment am nötigsten brauchen. Wenn Ihnen dabei nicht Ihr logisches Denken in den
Weg kommt!

Die meisten Menschen werden beim Benutzen von Kristallen niemals irgendwelche Nebenwirkungen erfahren.
Sollten bei Ihnen aber dennoch unerwünschte Begleiter-
scheinungen auftreten, sind sie wahrscheinlich das Ergebnis davon, daß zuviel Energie zu schnell in Ihr System eingetreten ist. Alles, was dann nötig ist, ist die Entfernung
des Steines von Ihrem Körper oder aus Ihrer unmittelbaren Umgebung. Dennoch wird das Unbehagen meist noch
mehrere Minuten lang anhalten, da Ihre Energie sich erst
wieder auf das alte Muster einstellen muß. Sobald der Stein
entfernt ist, wird das Energiemuster des Körpers normalerweise in weniger als zwanzig Minuten zu seinem vorhe-
rigen Zustand zurückkehren. Wie ich schon erwähnt habe,
sind die Einwirkungen von Kristallen sehr subtil und verlieren sich deshalb relativ schnell. Wenn die Entfernung des
Kristalls nicht schnell genug Besserung bringt, stellen Sie
sich mindestens zwanzig Minuten lang unter die Dusche.
Dies wird Ihren physischen Körper und seine Energien
gründlich reinigen.

Wenn man sich entschieden hat, innerlich zu wachsen,
wenn das wirkliche Selbst aufzuwachen beginnt, stellt man

immer wieder fest, daß man sensibler für Gefühle und Situationen wird, besonders für die, die emotionale Reaktionen auslösen. Das ist ganz normal. So wie das Training eines lange nicht benutzten Muskels einen am nächsten Tag etwas steif und empfindlich machen kann, kann die Wiedererweckung des wirklichen Selbst die Emotionen ein bißchen empfindlich machen. So stellen viele Menschen fest, daß sie weit über das übliche Maß hinaus emotional reagieren. Das ist immer ein Zeichen dafür, daß die Situation, die diese Reaktion ausgelöst hat, wichtig für das momentane Wachstum ist. Wenn Sie verstehen, daß es keinen einfachen, bequemen Weg gibt und daß Ihr Trainingsplan ganz speziell für Sie von einem erfahrenen Trainer ausgearbeitet wurde, können Sie Ihre Reaktionen als persönliche Übungen sehen. Intensive Gefühle sind immer ein sicheres Zeichen, daß Sie gerade auf ein wichtiges Teil in Ihrem Persönlichkeitspuzzle gestoßen sind.

Wir alle beharren darauf, alte Gefühle, Gedankenmuster und Glaubenssätze mit uns herumzuschleppen, die wir eigentlich regelmäßig als Teil unserer persönlichen »Wartung« überprüfen sollten. Kristalle und andere Mineralien eröffnen einen der schnellsten Wege, um dieses überholte unterbewußte Material an die Oberfläche zu holen. Und darüber hinaus helfen sie auch noch, das ganze, nun nutzlos gewordene Gepäck durchzusehen, es umzugestalten oder wegzuwerfen. Wir müssen nur aufpassen, daß wir uns nicht selbst mit der Annahme belügen, daß wir diese oder jene Eigenschaft mit Sicherheit nicht haben, oder daß wir da mittlerweile schon drüberstehen. Dieser allzu menschliche Selbstbetrug ist es, der uns die Probleme in der Regel erst bereitet. Denken Sie daran – es gibt keine Fehler, nur Lernerfahrungen.

Obwohl die meisten von uns niemals Nebenwirkungen durch Kristalle verspüren werden, hier ein paar der möglichen Symptome, die es zu beachten gilt:

Benommenheit. Dies ist eine häufige Erfahrung nach alternativen Heilungsprozeduren. Sie signalisiert eine Veränderung der Energie und des Bewußtseins. Leichte Benommenheit oder das Gefühl, »nicht ganz dazusein«, kann auch bedeuten, daß Sie einfach zu vielen Kristallen gleichzeitig ausgesetzt sind. Es fühlt sich vielleicht an, als wären Sie irgendwo anders (was Sie tatsächlich sind) oder als wären Sie von Ihrer normalen Realität entfernt (was Sie teilweise auch sind). Dieser veränderte Bewußtseinszustand gibt sich sehr schnell, wenn Ihr System sich an die neuen Energiefrequenzen angepaßt hat. Nochmals, wenn es zu unangenehm wird, entfernen Sie die Steine von Ihrem Körper oder aus Ihrer Nähe. Um den Prozeß zu beschleunigen, können Sie etwas Zuckerhaltiges essen oder trinken, Zucker senkt die Energiefrequenz wieder. Oder Sie führen irgendeine ganz alltägliche körperliche Handlung aus. Sollte die Benommenheit immer auftreten, wenn Sie mit Kristallen zusammen sind, müssen Sie lernen, Ihr Wachstumstempo etwas zu drosseln. Es bedeutet nicht, daß irgend etwas mit Ihnen nicht stimmt oder daß Sie sich dem Wandel widersetzen. Aber Sie gewinnen überhaupt nichts, wenn Sie versuchen, besonders schnell zu wachsen. Es ist, als wenn Sie einen Fluß anschieben wollten. Alles, was Sie davon haben, sind spirituelle Verdauungsstörungen.

Hitze oder Kälte. Wenn man Kristalle am Körper trägt, mit ihnen arbeitet oder sie einfach nur um sich hat, kann es sein, daß die Körpertemperatur zu fluktuieren beginnt, wie es auch in der Meditation oder in veränderten Bewußtseinszuständen vorkommen kann. Hitze bedeutet normalerweise, daß Energie in Ihr System eintritt. Kälte bedeutet, daß Energie Ihr System verläßt, und zwar ziemlich schnell. Wenn diese Situation zu unangenehm werden sollte, entfernen Sie den Stein und beginnen Sie etwas langsamer, indem Sie kleinere Steine für kürzere Zeit benutzen.

Kopfschmerzen. Kopfschmerzen, die durch Kristalle her-
vorgerufen wurden, konzentrieren sich meist auf der Mitte
der Stirn. Sie sind Auswirkungen der Stimulierung und
Reinigung der intuitiven Seite des Verstandes, des »dritten
Auges«. Entfernen Sie einfach den Stein von Ihrem Körper
oder aus Ihrer unmittelbaren Umgebung und passen Sie
Ihr Energiesystem langsam an, indem Sie mit kleineren
Steinen und kürzeren Zeiträumen beginnen.

Leichtes Prickeln. Manchmal kann das Gefühl von leichten elektrischen Schlägen auftreten, ähnlich dem Gefühl,
wenn ein Körperteil »einschläft«. In diesem Fall wird das
Prickeln durch eine Veränderung im Energiefluß hervorgerufen. Normalerweise dauert das nur einige Sekunden
oder Minuten und ist eigentlich nicht unangenehm, eben
nur prickelnd. Von Meditierenden wird dieser Effekt das
»Kitzeln der Ameisen« genannt. Dieses »Energiekitzeln«
betrifft meistens Teile des Körpers, die ein Trauma oder
eine Verletzung erlitten haben (physisch oder psychisch)
und nun zu ihrem normalen Energiefluß zurückkehren.
Ihre Kristalle sind nur damit beschäftigt, die energetischen
Unebenheiten zu glätten, aber wenn es Ihnen zu unangenehm sein sollte, entfernen Sie die Steine und arbeiten Sie
mit kleineren.

Schmerzen. Wenn Sie so empfindlich auf einen Kristall
oder eine Kristallkombination reagieren, daß Sie leicht ste-
chende Schmerzen an einer Stelle Ihres Körpers empfinden
(was außerordentlich selten vorkommt), ist das normalerweise ein Zeichen dafür, daß Sie zu schnell zuviel Energie
aufnehmen. Entfernen Sie die Steine und erhöhen Sie langsam Ihre Toleranzschwelle.

Taubheit. Das Gefühl leichter Taubheit in Fingern, Hän-
den oder Füßen wird vermutlich durch die elektromagne-

31

tische Resonanz zwischen Ihnen und dem Kristall hervorgerufen. Entfernen Sie den Stein und erhöhen Sie Ihre Toleranzschwelle.

Übelkeit und/oder Durchfall. Diese Symptome sind außerordentlich selten, aber wenn Übelkeit oder Durchfall auftreten, ist der wahrscheinlichste Grund dafür die Größe des Steins. Variieren Sie die Größe, bis Sie herausgefunden haben, welche Frequenz Ihr Körper im Moment am besten verträgt. Es bedeutet nicht, daß Sie mit dieser Art von Stein nicht arbeiten können, Sie sollten nur einen kleineren benutzen. Jedes dieser Symptome bedeutet einfach, daß Sie zur Zeit außerordentlich empfindlich auf die auftretenden Frequenzveränderungen reagieren. Nehmen Sie sich eine Woche, um die Zeit, die Sie den Kristall tragen, langsam zu steigern. In diesem Zeitraum sollten sich alle energetischen Knoten oder Blockaden, die die Nebenwirkungen hervorgerufen haben, langsam und auf angenehme Weise aufgelöst haben. Denken Sie immer daran, daß *Sie* derjenige sind, um den es geht. Sie bestimmen die Regeln und die Geschwindigkeit. Es gibt keinen Wettlauf um den Sieg im Bewußtseinserweitern.

Wut oder Depressionen. Wenn der Prozeß des inneren Wachstums beginnt, kommt es häufig vor, daß man unerklärlicherweise aus nichtigem Anlaß weinen könnte. Genauso häufig passiert es, daß einen die gegenwärtige Situation fürchterlich frustriert oder man über alle Maße wütend ist. Wenn Sie Ihren Wachstumsprozeß mit Kristallen oder anderen Mineralien beschleunigen, werden sich auch diese Erfahrungen verstärken. Während dieser Zeit ist es wichtig, immer im Kopf zu behalten, daß diese Gefühle nicht negativ sind. Und daß sie nicht neu sind. Sie hatten sie immer, Sie haben sie bloß tief im Unterbewußtsein vergraben. Nehmen Sie diese Gefühle als Übungen und erfahren Sie

sie aus dieser Perspektive. (Sie zu fühlen bedeutet natürlich nicht, daß Ihre gesamte Umgebung darunter leiden muß.) Die Verdrängung der Gefühle würde nur bewirken, daß sie mit Sicherheit zur ungünstigsten Zeit wieder hervorplatzen. Nicht zu vergessen, daß die Unterdrückung von Gefühlen einen sehr, sehr krank machen kann. Daß diese Gefühle jetzt auftreten, hat einen Grund, und wenn Sie nicht in der Lage wären, mit ihnen umzugehen, wären sie jetzt nicht hochgekommen. Haben Sie Vertrauen!

Die meisten von uns werden niemals irgendeine dieser Nebenwirkungen verspüren. Wenn sie aber dennoch auftauchen, denken Sie daran, daß alle Ihre Empfindungen völlig normal sind. Sie stehen weder auf einer besonders »hohen«, noch auf einer »niedrigen« spirituellen Ebene (was immer das auch sein mag). Jede Reaktion auf einen Kristall ist ein physikalisches Phänomen und wurde durch nichts mehr als den Austausch von Energien ausgelöst.

Achtflächiger Kristall

Jeder Kristall, der statt der üblichen sechs Endflächen acht besitzt, ist ein achtflächiger Kristall. Da Kristalle normalerweise immer sechsseitig wachsen, sind Vertreter dieser Gruppe sehr selten.

Ein achtflächiger Kristall hat die außergewöhnliche Fähigkeit, Energien um sich herum zu aktivieren, die mit der Zahl 8 in Verbindung stehen. Acht ist die Zahl der Unendlichkeit und des kosmischen Bewußtseins. Sie ist außerdem die Zahl der Regeneration, der Erneuerung nach einer Initiation, der Fülle, der Realität der physikalischen Welt, der vollkommenen Balance, des Zieles des spirituell Eingeweihten, des Eintritts in ein neues Stadium der Seele und aller Manifestationsmöglichkeiten. Acht ist die Zahl, die Hermes und Thoth zugeordnet wird, und sie ist das Äquivalent des hebräischen Namens Gottes: JHVH. Für die Hindus ist 8 x 8 die Zahl des Himmels auf Erden.

Kurzbeschreibung

Symbolisiert Unendlichkeit und Vollkommenheit.
Symbolisiert kosmisches Bewußtsein.
Repräsentiert Regeneration und Erneuerung auf der physikalischen Ebene.
Hervorragend für die Herstellung eines Gleichgewichtes zwischen den Kräften des Geistes und denen der Natur.
Repräsentiert Erfolg, Vollendung, Wachstum und Fülle.
Exzellente Unterstützung beim Eintritt in eine neue Phase des Seins.
Repräsentiert die Bewegung des Universums.
Ein ausgezeichneter Traumstein.
Hilft uns, unsere materiellen und spirituellen Bedürfnisse auszubalancieren.
Erinnert uns daran, daß wir nicht in unserer Kultur gefangen sind.

Einer der besten Schutzsteine.
Balanciert Yang-Energie aus.
Hilft ausgezeichnet bei der Konzentration.
Unterstützt beim Loslassen von Ängsten vor der eigenen
Kraft.
Erstklassig zum Wahrsagen.
Unterstützt die Kommunikation mit dem Höheren
Selbst.
Hilft bei der Auseinandersetzung mit Ängsten vor dem
eigenen Tod.
Großartiges Hilfsmittel für die Ausbalancierung von Ge-
fühlen.
Erinnert uns daran, daß es in Ordnung ist, spirituell *und*
wohlhabend zu sein.
Revitalisiert die Aura.
Erinnert uns an unseren wahren Standort in der physi-
schen Welt.
Ein Symbol für Regeneration und Erneuerung.
Repräsentiert alle unsere Möglichkeiten in der physi-
schen Welt.
Gute Erinnerung, daß wir nicht so sein müssen, wie die
anderen uns haben wollen.

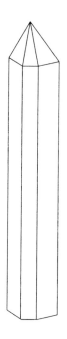

Artemiskristall

Ein langer, schlanker Kristall mit einer unbeschädigten Spitze ist ein Artemiskristall (manchmal auch Dianakristall genannt). Er ähnelt einem Pfeil und ist eigentlich nichts anderes als ein langgezogener Generatorkristall. Artemiskristalle werden oft mit Laserstabkristallen verwechselt, aber ein Laserstab ähnelt eher einem Finger als einem Pfeil.

Artemis ist die Göttin der Jagd, die Göttin des Mondes und die Beschützerin von Frauen, Kindern und der gesamten Natur. Heilige Wälder standen unter dem Schutz von Artemis. Artemis ist eines der vielen Gesichter der Göttlichen Mutter, oft auch als Mutter Gottes, Königin des Himmels, Mutter aller Geschöpfe, Dreieinige Göttin, Großer

Bär (das Sternbild Ursa Major), Mutter der Gnade und Herz der Welt bezeichnet. Artemis ist die große Schwester, die viele von uns niemals hatten. Die Verehrung und Anbetung von Artemis läßt sich bis in die Zeit des Neolithikums zurückverfolgen.

Artemiskristalle erwecken die angeborenen Gefühle von Unabhängigkeit, Freiheit und unbändigem Verlangen nach mehr Selbstzufriedenheit. Sie sind besonders für diejenigen von uns sehr nützlich, die versuchen, ein autonomes Individuum zu werden – ökonomisch, spirituell, kreativ, emotional, mental und körperlich. Artemis war immer besonders für diejenigen da, die gefangen, eingekerkert oder durch äußere Umstände wehrlos gemacht wurden.

Artemiskristalle sind die Schützen der Kristallfamilie, die Meister der Jagd. Gedanken, Gebete, Wünsche und Affirmationen, die durch diese Kristalle gesendet werden, sausen wie ein Pfeil mitten ins Ziel. Diese Kristalle sind ausgezeichnete Schutzsteine und helfen dabei, unbegründete Ängste zu bearbeiten und zu überwinden. Sie sind besonders hilfreich, wenn man Angst hat, etwas allein oder ohne männliche Unterstützung zu tun. Außerdem sind sie gute Erinnerungen an das angebotene innere Wissen in jedem von uns, ein Treffpunkt, der uns hilft, zu unserem wahren Ursprung zurückzugelangen.

Wählen Sie einen Artemiskristall immer dann, wenn Sie sich auf Ihre Gedanken fokussieren wollen oder eine schnelle physikalische oder mentale Energiespritze brauchen. Dieser Kristall ist ein wunderbares Geschenk für jeden, der sich in irgendeiner Weise im Prozeß des Gebärens befindet (real oder symbolisch) oder nach Freiheit, Unabhängigkeit und persönlicher Identität strebt.

Kurzbeschreibung

Symbolisiert Weisheit und Gnade.

Repräsentiert Artemis als die Mutter aller Wesen.

Symbolisiert Stärke, Mut und Unabhängigkeit.

Der Schütze der Kristallfamilie.

Einer der besten Erste-Hilfe-Steine.

Erzeugt ein starkes Verlangen nach persönlicher Freiheit.

Hilft, unnötige Ängste und Sorgen zu überwinden.

Erstklassiger Schutzstein.

Erinnert daran, das Auge unentwegt auf das Ziel zu richten.

Löst exzessive und übertriebene materielle und körperliche Bedürfnisse auf.

Ausgezeichnet zum Channeln.

Zerstört alte, unproduktive Suchtmuster.

Erweckt das Verlangen nach dem Wirklichen, zerstört Illusionen.

Unterstützt bei der Bearbeitung von Ängsten vor der eigenen Kraft.

Eine gute Hilfe bei jedem Entscheidungsprozeß.

Stimuliert Mut und Entscheidungskraft.

Eine gute Hilfe bei der Kommunikation mit Lehrern, sichtbaren wie unsichtbaren.

Balanciert Yin-Yang-Energien aus.

Ausgezeichnet für Geschäftsleute und Unternehmer.

Besonders empfehlenswert für Jäger.

Stärkt den Glauben an den eigenen persönlichen Stil.

Ein guter medialer Energiestein.

Außerordentlich guter Stein für telepathische Kommunikation.

Empfehlenswert für schwangere und stillende Frauen.

Besonders empfehlenswert für jeden, der mit irgendeinem Aspekt des Gebärens arbeitet.

Symbolisiert die dreieinige Göttin in ihren Rollen als junges Mädchen, erwachsene Frau und weise Alte.

Ausgezeichnet für Affirmationen und Gebete. Der Kristall sendet die Gedanken und Gefühle direkt ins Ziel. Symbolisiert die Göttliche Mutter als Herz der Welt, Königin des Himmels, Mutter der Gnade und Ernährerin von allem.

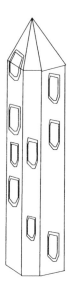

Bibliothekskristall

Bibliothekskristalle sind all diejenigen, auf deren Oberfläche mehrere flache, stumpfe Kristalle wachsen. Im Unterschied zum Fülle- oder Kometenkristall haben diese Auflagerungen aber nie die typische Kristallform, sie sind eher wie eine Lage Putz.

Abhängig vom jeweiligen Exemplar tragen Bibliothekskristalle einige Seiten bis mehrere Bücher an Informationen in ihren Oberflächenaufwüchsen. Zusätzlich tragen sie im Körperinneren natürlich noch weitere Informationen. Wie Sie sich schon gedacht haben werden, sind diese Kristalle die besten Freunde der Chronikhüter.

Kurzbeschreibung
Symbolisiert gespeicherte Informationen und das Wissen vieler Zeitalter und Kulturen.

Gut, wenn man ein Studium oder einen Kurs beginnen will.

Hervorragender Traumstein.

Außergewöhnlich guter Stein zum Meditieren.

Enthält uralte, multidimensionale Informationen.

Hilft, Vertrauen aufzubauen.

Effektives Hilfsmittel für die Bearbeitung von Problemen, die mit dem Ego zusammenhängen.

Hilft uns, Zugang zu unseren Glaubenssätzen zu bekommen und sie zu bearbeiten.

Erstklassiges Hilfsmittel beim Wahrsagen.

Erlaubt einen Zugang zu Informationen aus Vergangenheit, Gegenwart und Zukunft.

Ein gutes Hilfsmittel zur Kommunikation mit geistigen Führern und Lehrern.

Gut bei der Bearbeitung von Ängsten vor der eigenen Kraft.

Großartiges Hilfsmittel bei der Kristallforschung.

Eine Erinnerung daran, daß die Ewigkeit wirklich sehr lange dauert.

Bürstenkristall

Bürstenkristalle sind Kristallgruppen, deren Spitzen ungefähr dieselbe Länge haben. Bürstenkristalle sehen wirklich wie eine Scheuerbürste aus, und dies beschreibt sehr gut, wofür man sie verwenden kann: um die Energiehülle des Körpers wortwörtlich abzuschrubben. Dazu hält man den Kristall ungefähr 5 cm über die Körperoberfläche und bewegt ihn mit den typischen Reinigungsbewegungen (vor und zurück, hoch und runter, kreisend). Bürstenkristalle sind aber ausschließlich Energiebürsten und sollten niemals den physischen Körper berühren. Schrubben Sie so lange, bis die Energie anfängt, sich zu verändern. Normalerweise tritt die Reaktion sehr schnell auf, aber es kann auch länger dauern. Bei vielen Menschen spricht der Bereich über der Wirbelsäule am besten auf diese Behandlung an, aber das sollten Sie selbst ausprobieren.

Bürstenkristalle sind besonders nützlich, wenn sich eine Erkältung ankündigt oder wenn man zwischen zwei Terminen eine schnelle Energieauffrischung braucht. Sie können diese Kristalle auch in die Dusche legen. Die Kombination von fließendem Wasser und Kristallenergie ist wirklich ein Erlebnis.

Bürstenkristalle sollten häufiger als andere Kristalle gereinigt und aufgeladen werden.

Kurzbeschreibung
Bürstet, reinigt und vitalisiert die Energien um den physischen Körper.
Unterstützt uns bei der Abstimmung unserer Körperenergien.
Hervorragender Energieverstärker.
Gut für Kinder.
Sehr empfehlenswert vor jeder Heilungsprozedur.
Enthält alle Eigenschaften einer Kristallgruppe.

Channelingkristall

Ein Channelingkristall ist ein Kristall mit einer siebensei-
tigen Endfläche, der gegenüber ein Dreieck liegt. Dieser
Stein ist der weise der Kristallfamilie, ein Stein für Wissen-
schaftler und Sucher, für Menschen, die etwas über das
Warum und Wieso wissen wollen. Deshalb wird dieser
Kristall auch spiritueller Wachstumskristall genannt.
   Die siebenseitige Endfläche symbolisiert die sieben
Qualitäten, die das menschliche Bewußtsein meistern
muß, um die Weisheit des totalen Selbst zu erlangen: (1)
Liebe, (2) Wissen, (3) Glückseligkeit, (4) Freiheit, (5) Frieden, (6) Manifestation und (7) Einheit. Darum symbolisiert dieser Kristall auch den spirituellen Sucher, den Schüler der Mysterien, jemanden, der sein Leben der Suche
nach seiner wahren Natur und der Beziehung zum Einen
gewidmet hat. Die dreiseitige Endfläche steht für die Ein-

heit von Körper, Geist und Seele, die mit dem Suchenden (der siebenseitigen Endfläche) verbunden ist und ihn stärkt.

Dieser Kristall steht für die Zahlen 7 und 3, die jede für sich schon einen starken Symbolgehalt haben. Neben vielen anderen Dingen symbolisiert die 7 den Neubeginn nach Abschluß eines Zyklus, die Vollendung einer Entwicklungsstufe, die Verbindung der vier Erdelemente (meist durch ein Viereck symbolisiert) mit dem Geist (meist durch einen Kreis symbolisiert). Außerdem wurde die 7 schon immer als Zahl der Heilung angesehen. Sie symbolisiert darüber hinaus perfekte Ordnung (4+3), den Himmel über der Erde, einen Wachstumszyklus, die große Mutter, geheimes Wissen, göttliche Harmonie, Jungfräulichkeit und den Kern alles Existierenden. Vielen Gottheiten war die Zahl 7 heilig, so zum Beispiel Apollo, Ares, Artemis und Osiris.

Die Zahl 3 symbolisiert jede Dreiheit oder Triade, ein Treffen spiritueller Kräfte (meist durch ein Dreieck symbolisiert) und den Weg zur Vollendung, auch wenn man noch an die Materie gebunden ist (meist durch ein Dreieck in einem Kreis dargestellt). Außerdem repräsentiert die 3 kreative Kraft, die durch Einheit, Wachstum, Bewegung, Synthese, Vervielfältigung und das Sprechen der absoluten Wahrheit entsteht. Die 7 und die 3 eines Channelingkristalls summieren sich zur 10, der Zahl der Vollendung. Sie führt zur 1 zurück und zeigt damit den Beginn einer höheren Windung auf der Spirale unserer Reise an.

Ein Channelingkristall kann sehr gut in einer chaotischen oder zerrütteten Atmosphäre aufgestellt werden. Seine Nähe regt in jedem Menschen ganz automatisch ein stärkeres Verlangen nach Echtheit, Klarheit und Harmonie an, das unterbewußte Verlangen, auf den richtigen Weg zurückzukehren und die eigene Lebensaufgabe zu erfüllen.

Ein Channelingkristall hilft uns, eine bewußte Verbindung zur Quelle unseres gesammelten Wissens und unserer Weisheit herzustellen. Benutzen Sie diesen Kristall als Verstärker für Ihr Höheres Selbst oder zur Feinabstimmung, um sich besser auf es ausrichten zu können.

Meditationen mit einem Channelingkristall stabilisieren die Verbindung mit unseren spirituellen Zielen und helfen, unseren Fortschritt auf dem Weg zu überprüfen. Dieser Kristall sollte ein persönlicher Kristall sein und nicht von anderen Menschen angefaßt werden.

Kurzbeschreibung

Symbolisiert den spirituellen Sucher, den Schüler der Mysterien.

Symbolisiert den Geist, der sich in der Materie ausdrückt.

Symbolisiert die sieben Stufen der spirituellen Entwicklung.

Repräsentiert die sieben himmlischen Töne und die sieben himmlischen Sphären.

Symbolisiert die Verbindung von Körper, Geist und Seele.

Der Weise der Kristallfamilie.

Einer der wirklichen Channelingsteine (wie auch eine Kyanitspitze).

Hilft, die Verbindung mit dem Höheren Selbst herzustellen.

Erweckt ein starkes Bedürfnis nach Weisheit und Verbindung mit dem Einen.

Weckt den Wunsch nach Authentizität.

Ausgezeichnetes Energieschild.

Verstärkt jedes Bewußtsein in seiner Umgebung.

Repräsentiert die sieben Qualitäten, die das menschliche Bewußtsein erlangen muß, um Zugang zum totalen Selbst zu bekommen.

Aktiviert und verbindet das vierte, fünfte, sechste, siebte, achte, neunte, zehnte, elfte und zwölfte Chakra.

Chronikhüterkristall

Chronikhüterkristalle sind Kristalle mit geometrischen Mustern, die auf *natürliche* Weise in die Seiten oder Endflächen eingraviert sind. Ein Hüter der Chroniken trägt nur Zeichen einer bestimmten geometrischen Form (meist ein Dreieck), während ein Matrixkristall (siehe dort) viele verschiedene Formen in sich vereinigt. Auf den ersten Blick sind die eingravierten Zeichen oft nicht sichtbar, man muß sie bei guter Beleuchtung durch Drehen des Steines suchen. Man kann sie aber auch fühlen, wenn man mit dem Finger über die leichten Erhebungen streicht. Manchmal sind die Zeichen innerhalb des Kristalls, meist jedoch irgendwo auf der Oberfläche. Und es ist auch nicht selten, daß sie sich erst zeigen, wenn Sie einen Kristall schon eine Weile besitzen, und dann an Stellen auftreten, an denen sie ganz sicher vorher nicht gewesen sind.

Von Chronikhüterkristallen wird gesagt, daß sie Informationen enthalten. Jede geometrische Form in oder auf ihnen ist eine Aufzeichnung. Deshalb werden diese Kristalle auch Chronisten genannt. Ihre Informationen sind jedoch nur den Menschen zugänglich, die mit ihnen auf derselben Energiefrequenz schwingen. Nur diese Menschen sind in der Lage, die Informationen der Kristalle zu verstehen und zu interpretieren. Deshalb ist es nicht ungewöhnlich, daß ein Kristall, den Sie schon länger haben, plötzlich seine Aufzeichnungen freigibt. Sobald Ihre persönliche Energie mit der im Kristall enthaltenen Information übereinstimmt, kommt diese an die Oberfläche. Das ist die einzige Möglichkeit, Zugang zu diesen uralten Aufzeichnungen zu bekommen.

Die Hüter der Chroniken sind sehr persönliche Kristalle, und sie ziehen genau die Personen an, für die ihre Informationen bestimmt sind. Allerdings dürfen wir keine logischen, der linken Gehirnhälfte verständlichen Erklärungen erwarten. Vielleicht machen sie Sinn, vielleicht auch nicht. Hier kommt wieder Vertrauen ins Spiel, ganz abgesehen von Geduld. Die Informationen eines Chronikhüterkristalls müssen auch nicht hochgeistig oder »spirituell« sein. Manchmal sind sie sehr praktisch, wie etwa die Information, wo in der Wildnis eine Wasserstelle zu finden ist. Das Schlüsselwort ist Information, und das muß nicht unbedingt mit spirituellem Wissen gleichgesetzt werden.

Chronikhüterkristalle sollten mit Verehrung und Respekt behandelt werden, so wie Sie ein uraltes Buch wertschätzen würden.

Kurzbeschreibung
Symbolisiert die Fähigkeit, unser gegenwärtiges Wissen zu erweitern.
Hervorragender Traumstein.

Enthält und vermittelt uralte Informationen und Aufzeichnungen.

Erlaubt den Zugang zu vergangenen oder parallelen Leben und Erinnerungen.

Erweitert unsere gegenwärtige Informationsgrundlage.

Ein wundervolles Werkzeug, um sich auf die geistige Ebene einzustimmen.

Erstklassiger Stein zum Wahrsagen.

Hilft uns, mit Ängsten vor dem Mißbrauch unserer persönlichen Macht umzugehen.

Verstärkt alle Formen der Kommunikation.

Ein gutes Hilfsmittel beim Channeln.

Hilft bei der Fokussierung von Energie.

Erinnert daran, daß es immer noch etwas zu lernen gibt.

Ein gutes Hilfsmittel für die Kommunikation mit geistigen Führern oder dem Höheren Selbst.

Erinnert uns daran, mit dem, was wir wirklich sind, in Verbindung zu bleiben.

Trägt die gesamte Symbolik seiner geometrischen Formen.

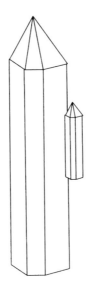

Delphinkristall

Ein Delphinkristall ist ein langer Kristall, der an einer Seite einen sehr viel kleineren, kürzeren Kristall ausgebildet hat. Delphinkristalle sind jedoch keine Seelengefährten- oder Zwillingsflammenkristalle (siehe dort).

Delphinkristalle symbolisieren unser natürliches Verlangen und unser Recht, geliebt, genährt und akzeptiert zu werden, und zwar genau so, wie wir sind. Diese Steine erinnern uns an unsere Fähigkeit, diese Atmosphäre für uns selbst und auch für andere erschaffen zu können. Sie unterstützen uns in Situationen, in denen wir uns unsicher fühlen und die Sicherheit brauchen, die ein Gefährte uns geben kann. Außerdem erinnern sie uns daran, daß wir, wenn wir andere annehmen, lieben und ihnen Sicherheit geben, all das auch selbst empfangen (Gleiches zieht Gleiches an).

Delphinkristalle sind erstklassige Schutzsteine für neugeborene, junge, schwache und empfindliche Menschen. Sie sind einmalig, wenn es darum geht, große Ängste zu mindern, und erinnern uns daran, mit unserer spielerischen, sorglosen Seite in Verbindung zu bleiben und die Dinge nicht immer ganz so ernst zu nehmen.

Wenn man mit einem Delphinkristall schläft oder meditiert, kommt man immer besser mit den Wasserbewohnern dieses Planeten und mit seiner eigenen mitfühlenden, intuitiven Natur in Kontakt. Delphinkristalle sind gut für Menschen, die ihre Fähigkeit wiedererwecken wollen, anderen und sich selbst emotionale Unterstützung zu geben, und die wieder lernen müssen, diese Unterstützung anzunehmen, ohne sich schwach, hilflos und verletzlich zu fühlen. Delphinkristalle aus Rauchquarz sind besonders gute Traumsteine. Sie bewirken einen gesunden, erholsamen Schlaf und halten Alpträume fern.

Delphine symbolisieren die Rettung Schiffbrüchiger, die sich nicht mehr über Wasser halten können. Sie sind die Könige der Meeresbewohner und allen Gottheiten des Meeres verbunden. Außerdem werden Delphine als Führer der Seelen angesehen und sind ein Symbol für die Reise der Seele durch das Meer des Todes. Delphine repräsentieren Schnelligkeit, Intelligenz, Sicherheit, Wissen sowie die Kraft der Tiefe und des Unergründlichen.

Kurzbeschreibung
Symbolisiert Sicherheit auf der Reise durch tiefe und unruhige Gewässer.
Symbolisiert eine sichere Reise durch das Meer des Todes.
Repräsentiert schnelle Bewegung und Intelligenz.
Erinnert uns an unser eigenes Wissen über die Tiefen.
Symbolisiert jemanden, der führt.
Ein Erste-Hilfe-Stein.

Ein guter Traumstein.
Ausgezeichneter Schutz gegen Alpträume.
Hervorragender Schutzstein für Kinder.
Verhindert emotionale Zusammenbrüche.
Hilft bei der Bearbeitung von Mutterthemen.
Erinnert uns daran, uns selbst und andere zu lieben, zu akzeptieren und zu nähren.
Unterstützt bei der Bearbeitung emotionaler Traumata, insbesondere bei Mißbrauch.
Hilft uns zu akzeptieren, was wir sind.
Stimuliert Kreativität und das Verlangen nach Freiheit.
Hilft, mit innerem Streß fertig zu werden.
Schützt wehrlose, empfindliche, unsichere und verletzliche Menschen.
Gute Erinnerung, andere zu nähren und von anderen genährt zu werden.
Erinnert uns daran, daß Spielen genauso wichtig ist wie Arbeiten.
Hilft bei Problemen mit und Ängsten vor dem eigenen Muttersein.

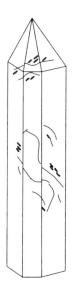

Devakristall

Ein Devakristall hat im Inneren Risse und Einschlüsse von Wasser, Luft oder Gasen, die oft als Schleier oder Feeneis bezeichnet werden. Früher glaubte man, daß Elfen und andere Naturgeister in diesen Kristallen von ihren Reisen ausruhen, daß ein Devakristall also so etwas wie ein Hotel für Naturgeister ist. Devakristalle können jede Form und jede Größe haben, manchmal haben sie nicht einmal eine Spitze.

Devas sind Lichtwesen, die die Aufgabe haben, der Erde und ihren Lebewesen zu helfen. In der gesamten Geschichte der Menschheit gab es Elfen, Feen und andere Naturgeister, und in den ältesten Legenden wurden Devas als Engel angesehen. Das Sanskritwort *deva* bedeutet göttliches Wesen. Ein Devakristall ist also eine Erinnerung an unsere eigenen übernatürlichen Bewußtseinskräfte und Fähigkeiten, uns mit Lichtwesen zu verbinden. Diese Kristalle sind wundervolle Geschenke für jedes neugeborene Lebewesen, da Devas und Feen immer außergewöhnliche und wundersame Geschenke für Kinder mitbringen. Und natürlich sind Devakristalle auch für alle Pflanzen ganz wundervoll.

Devakristalle lassen uns offener werden für den Gedanken, daß es wirklich Naturgeister auf der Erde gibt. Sobald wir unsere Glaubwürdigkeit als Hüter dieser Erde und ihrer Lebewesen bewiesen haben, werden die Devas durch diese Kristalle mit uns kommunizieren. Sobald diese Energien Sie für vertrauenswürdig halten, werden sie Sie eine Menge über die wahre Natur unseres Planeten und seine Aufgabe im Universum lehren. Und wenn die Devas Sie sehr mögen, werden Sie vielleicht sogar auf eine Reise ins Innere der Erde oder zu den Königreichen hinter den Nebeln mitgenommen.

Kurzbeschreibung

Symbolisiert die übernatürlichen Kräfte unseres eigenen Bewußtseins.

Hilft, unsere menschliche Inkarnation auf diesem Planeten zu akzeptieren.

Eines der besten Hilfsmittel, um mit Naturgeistern zu kommunizieren.

Nützlich zur telepathischen Kommunikation.

Großartiger Tröster bei der Bearbeitung von Ängsten aller Art.

Erzeugt mediale Energie.

Verbindet direkt mit Erdgeistern und Erdenergien.

Ein gutes Hilfsmittel, wenn man die Aufgabe der Erde im Universum entdecken will.

Stimuliert Mitgefühl und Verstehen für alle Lebensformen.

Ein hervorragendes Geschenk für Neugeborene.

Hilft, mit den Wandlungen der Erde in Kontakt zu bleiben.
Läßt uns immer bewußter für die Probleme unseres Planeten werden.

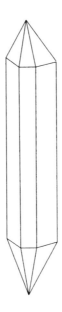

Doppelendiger Kristall

Doppelender sind Kristalle, die an jedem Ende eine Spitze haben. Viele Kristalle werden heutzutage doppelendig geschliffen, wir wollen hier aber nur über die natürlich gewachsenen Doppelender sprechen. Ob ein geschliffener Doppelender dieselben Eigenschaften hat wie ein natürlicher, hängt hauptsächlich vom Stein selbst ab. Abgesehen davon spielt auch das Wissen der Person, die ihn geschliffen hat, eine große Rolle.

Natürliche doppelendige Kristalle wachsen nicht in einer Gruppenmatrix, einer Familie, die eine Verankerung bietet, sondern individuell, jeder für sich. Sie haben dabei kaum oder gar keine Unterstützung von anderen. Diese kleinen Kraftpakete erinnern uns daran, daß wir dieselben Qualitäten in uns tragen.

Doppelendige Kristalle können mit einer Spitze Energie aufnehmen, festhalten und dabei verändern und sie dann mit der anderen Spitze wieder ausstrahlen. Dennoch sollten Sie das Energiemuster Ihres Steines lieber noch einmal überprüfen, um sicherzugehen, daß die Energie wirklich von Spitze zu Spitze fließt. Manche Doppelender haben völlig andere Energiemuster, z. B. eine Kreisform.

Doppelendige Kristalle sind gut für Menschen, die autonome Individuen werden wollen, was ein wichtiger Schritt auf dem spirituellen Weg ist. Außerdem sind sie gut geeignet, um Energie schnell und genau von einem Punkt zum nächsten zu bewegen, besonders in Kristallmustern.

Doppelendige Kristalle sind exzellente Hilfsmittel bei der Kommunikation und helfen, über lange Zeit energetisiert zu bleiben. Dieser Effekt dauert mit ihrer Unterstützung normalerweise viel länger an als mit einendigen Kristallen. Doppelender sind ausgezeichnete Hilfsmittel für die mediale Entwicklung und unterstützen die telepathische Kommunikation. Sie balancieren außerdem die linke und die rechte Gehirnhälfte aus. Generell sind sie hervorragend zur Ausbalancierung und Aufladung mit jeder Art von Energie geeignet. Doppelender bauen Vertrauen auf und sind ausgezeichnete Schutzsteine. Tragen Sie sie immer, wenn Sie etwas Schwung benötigen.

Kurzbeschreibung
Symbolisiert Freiheit vom Gruppenzwang.
Symbolisiert die Fähigkeit eines jeden, ein autonomes, ganzes Individuum zu werden.
Ein guter Traumstein.
Energetisiert physisch, mental, emotional und spirituell.
Hilft, eine ausgeglichene Haltung einzunehmen.
Guter Verstärker für telepathische Kommunikation.
Ein guter Stein zum Wahrsagen.

Ausgezeichneter Leiter von Energiemustern.
Stimuliert und verstärkt mediale Wachsamkeit und Energie.
Ausgezeichneter Energiestabilisator.
Ein guter Stein, um spirituelle Ausgeglichenheit zu erlangen und zu behalten.
Verhilft zu klarerer Kommunikation.
Bestens geeignet, um Energie von einem Punkt zum nächsten zu bringen.
Balanciert die rechte und linke Gehirnhälfte aus.
Unerläßlich in Kristallmusterlegungen.
Ausgezeichnetes Hilfsmittel bei der Ausbildung von medialen Fähigkeiten.
Einer der besten Steine für jeden, der mit Lektionen über persönliche Freiheit besser umgehen möchte.

Druse

Jeder unregelmäßige Hohlraum in einem Stein, dessen innere Oberfläche mit vielen kleinen, oft abgerundeten Kristallen bedeckt ist, wird in der Mineralogie als Druse bezeichnet. Häufig besteht die Druse aus demselben Mineral wie der sie einschließende Stein. Aber nicht alle Drusen sind Quarzkristalle. Viele Mineralien formen Drusen, und wenn Sie eine Bergkristalldruse suchen, müssen Sie direkt danach fragen.

Eine Quarzkristalldruse sieht aus, als sei sie mit vielen sehr feinen Kristallen bestäubt worden, die eine dünne Kruste über der eigentlichen Matrix bilden. Eine Druse ist nicht dasselbe wie eine Geode, eine Kristallgruppe oder ein Bürstenkristall. Die Kristalle dieser Formationen sind größer und viel deutlicher ausgebildet. Dennoch wird eine Druse mehr oder weniger genauso benutzt wie sie, ihr Effekt ist nur sanfter.

Drusen sind gute Steine für einen Neuanfang, wenn man kleine, sichere Babyschritte machen will. Sie gehören außerdem zu den besten Hilfsmitteln in jeder Art von Selbsterkenntnisprozeß. Freundlich und sensibel helfen diese Steine, den eigenen Standpunkt zu finden und das Gleichgewicht zu halten, während man sich Schritt für Schritt vorwärts bewegt. Eine Druse ist niemals hart oder aufdringlich, sondern hilft, die Dinge so zu nehmen, wie sie kommen, eine Erfahrung nach der anderen. Sie hilft sogar bei der Verarbeitung von Erfahrungen, bevor sie uns zu den nächsten führt. Kristalldrusen sind gut für jeden, der starke Aggressionen oder einen Überschuß an Yang-Energie beruhigen und mildern will.

Drusen erinnern uns daran, daß wir immer am Anfang stehen und daß jeder noch so kleine Schritt ein Ergebnis bringt. Sie sind ein gutes Vorbild für Geduld und Vertrauen in natürliche Wachstumsprozesse, eine Erinnerung daran, daß eine Blume Zeit zum Aufblühen braucht und es nichts nützt, einen Fluß anzuschieben.

Kristalldrusen sind gute Traumsteine und vermitteln erholsamen Schlaf und friedliche Träume. Sie sind besonders gut für Kinder aller Altersstufen geeignet und für jeden, der versucht, die Welt wieder mit den Augen eines Kindes zu sehen.

Kurzbeschreibung

Symbolisiert beginnendes Erwachen und Wachstum.
Erinnert uns daran, daß wir immer am Anfang beginnen müssen.
Gut für jeden, der anfängt, mit Kristallen zu arbeiten.
Erstklassiger Traumstein.
Erinnert uns daran, daß die Dinge sich wie Blüten natürlich und in ihrer eigenen Weise entfalten müssen.
Beruhigt und tröstet.
Lädt sanft mit Energie auf.
Ausgezeichnete Unterstützung bei der Meditation.
Hilft uns, mit unseren Emotionen in Kontakt zu kommen, und gibt uns dabei sicheren Halt.
Ein guter Stein für Manifestationen, der uns daran erinnert, daß die meisten Dinge klein anfangen.
Hilft dabei, aufgewühlte Chakras zu beruhigen.
Erinnert uns daran, Geduld und Vertrauen in unseren eigenen Prozeß zu haben.
Gut für Menschen, die sich oft klein, unwichtig oder allein fühlen.
Hilft, beim vorsichtigen Vorwärtsgehen das Gleichgewicht zu bewahren.
Guter Ersatz für einen Bürstenkristall.
Hilft bei der Verarbeitung von Erfahrungen, eine nach der anderen.
Gutes Hilfsmittel bei der Bearbeitung von Lektionen über Geduld.

Bringt uns in Kontakt mit unserer natürlichen Sensibilität.

Erinnert uns daran, daß es nichts nützt, einen Fluß anzuschieben.

Ausgezeichnet zu Beginn neuer Projekte.

Höchst empfehlenswert bei jeder Art von Selbsterfahrung.

Mildert anmaßendes Verhalten.

Erinnert uns daran, daß wir in Begriffen des Geistes immer am Anfang stehen.

Ausgezeichnet für Erwachsene, die die Welt wieder mit den Augen eines Kindes sehen wollen.

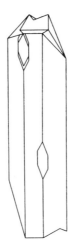

Einfühlsamer Kristall

Kristalle, die unsanft behandelt oder regelrecht mißhandelt worden sind, nennt man einfühlsame oder empathische Kristalle. Ihre Spitzen sind oft schwer beschädigt oder fehlen ganz. Sie sind heruntergeworfen, mit Meißeln oder Hämmern bearbeitet, achtlos in eine Kiste geworfen oder einfach nicht gewürdigt worden. Obwohl sie gar nichts dafür können, sind sie die unattraktiven, ungeliebten und ungewollten Mitglieder der Kristallfamilie.

Einfühlsame Kristalle sind Spezialisten, wenn es darum geht, sich in andere Wesen einzufühlen. Sie verstehen genau, wenn wir uns ungeliebt, ungewollt oder einfach nur häßlich und schrecklich finden. Diese Kristalle helfen uns, unser Herz zu öffnen, und sie schützen die bereits offenherzigen Menschen davor, zuviel vom Schmerz anderer aufzunehmen.

Einfühlsame Kristalle erinnern uns daran, daß wir Mitgefühl für andere haben können, ohne uns selbst zu verlieren. Wenn Sie sich vom Schmerz einer anderen Person überwältigt oder ausgesaugt fühlen, sollten Sie einen einfühlsamen Kristall halten. Er absorbiert Ihre Gefühle. Danach muß er aber unbedingt in einem Bett aus Salz oder Salbei und Kupfer gereinigt werden. Lassen Sie ihn so lange darin, bis Sie das Gefühl haben, daß er sich der Welt wieder stellen kann. Und sagen Sie laut und deutlich »Danke«.

Viele einfühlsame Kristalle entwickeln mit der Zeit außergewöhnlich schöne Regenbogen. Dies ist eine wundervolle Erinnerung daran, daß auch wir Glanz und Schönheit entwickeln können, egal wie schlecht wir behandelt und wie sehr wir herumgestoßen worden sind, wie oft wir Schläge auf den Kopf oder Stiche ins Herz bekommen haben. Einfühlsame Kristalle sind ausgezeichnete »Teddybären«, denen man alle Sorgen erzählen kann. Sie hören immer zu und verstehen, wovon wir reden. Und manchmal helfen sie uns sogar, die Dinge zu verändern. Da sie selbst schon in mißlicher Lage waren, wissen sie genau, was man dagegen tun kann.

Kurzbeschreibung

Symbolisiert das kleine Selbst, das bereit ist, sich dem größeren Selbst unterzuordnen.

Repräsentiert unsere Fähigkeit, jedes Unglück zu überstehen.

Einer der besten Erste-Hilfe-Steine.

Erstklassiger Traumstein.

Ausgezeichnet als »Teddybär«.

Mildert Gefühle von Verlust, Angst und Kummer.

Unterstützt bei der Bearbeitung von Süchten aller Art.

Hilft, die Angst, nicht liebenswert zu sein, loszulassen.

Guter Stein zum Wahrsagen.

Balanciert Yin- und Yang-Energien aus.

Ein ausgezeichnetes Hilfsmittel bei Lektionen, die mit dem Ego zu tun haben.

Hilft bei der Bearbeitung von Depressionen.

Gut in Zeiten der Veränderung und des Übergangs.

Höchst empfehlenswert für jeden, der in irgendeiner Weise mißbraucht worden ist.

Hilft, anderen gegenüber offener zu werden, ohne dabei ihren Schmerz aufzunehmen.

Erinnert uns daran, daß es nicht wichtig ist, wie wir aussehen, sondern wer wir sind und was wir tun.

Elestial

Elestiale, manchmal auch Skelettquarze genannt, sind anders als alle anderen bekannten Quarzkristallformen. Viele von ihnen haben ein rauchiges, manchmal sogar verbranntes Aussehen. Es handelt sich um die jüngste Quarzkristallform auf unserem Planeten, aber da die meisten Quarze zwischen 100 und 125 Millionen Jahre alt sind, bedeutet das für unsere menschlichen Zeitbegriffe nicht viel. Elestiale ähneln dem menschlichen Gehirn und symbolisieren deshalb die höheren Qualitäten des Verstandes. Normalerweise haben diese Kristalle keine Spitzen, sondern einen tabulären, rechteckigen oder quadratischen Habitus mit abgerundeten Ecken. Die einfachste Möglichkeit, einen Elestial zu beschreiben, ist die Aufzählung dessen, was er *nicht* ist, und die Feststellung, daß er nicht im entferntesten irgendeiner anderen Quarzform ähnelt. Sehen Sie sich einen Elestial an, und Sie werden verstehen, was ich meine.

Fast alle Elestiale tragen tief im Inneren oder auf der Oberfläche eigenartige, rätselhafte Zeichen, die manchmal wie esoterische Hieroglyphen aussehen. Einige Menschen glauben, daß diese Zeichen eine Art kosmisches Alphabet darstellen und außerirdischer Herkunft sind. Elestiale sollen außerdem Informationen über die Welt jenseits der Physikalität tragen, die uns Aufschluß darüber geben können, warum wir diese gegenwärtige menschliche Inkarnation gewählt haben. Diese Steine helfen uns, mit der dreidimensionalen Welt besser klarzukommen und sie, wenn die Zeit dazu gekommen ist, zu verlassen.

Elestiale unterstützen bei der Lösung von tiefen emotionalen Verstrickungen, die in der frühen Kindheit entstanden sind. In Verbindung mit einem Stück Fluorit helfen sie uns, in Dimensionen jenseits der Zeit zu reisen. Wenn wir die dort erhaltenen Informationen mit zurückbringen und mit unserem dreidimensionalen Wissen verbinden, können wir einen Blick für das große Ganze bekommen.

Kurzbeschreibung

Symbolisiert uralte Gesetze des Universums.
Symbolisiert den höheren menschlichen Verstand.
Ein Kraftstein.
Ein großartiges Hilfsmittel bei der Bearbeitung karmischer Verstrickungen.
Hilft, mentale und emotionale Zusammenbrüche zu vermeiden.
Enthält Informationen über die Welt jenseits der Physikalität.
Hilft bei der Bearbeitung von Kindheitserlebnissen, an die man sich nicht mehr erinnern kann.
Ein gutes Hilfsmittel, um einen Blick für das große Ganze zu bekommen.
Unterstützt bei der Reise durch nicht zeitgebundene Dimensionen.
Hilft beim Verlassen der physischen Welt, wenn die Zeit dafür gekommen ist.
Unterstützt bei der Bearbeitung und Lösung emotionaler Verstrickungen.

Mildert Ängste vor dem Sein in der Materie.

Erinnert uns daran, warum wir dieses spezielle Erdenleben gewählt haben.

Ermöglicht einen Zugang zu Informationen anderer Dimensionen.

Soll codierte Informationen über Gesetze des Universums enthalten.

Erinnert uns daran, daß andere Lebensformen nicht immer so aussehen, wie wir sie uns vorstellen.

Empfänger-Generatorkristall

Jeder Generatorkristall mit einer Endfläche, die stärker als die anderen zur Mitte hin geneigt ist, ist ein Empfänger-Generator. Der Unterschied zu einem richtigen Generatorkristall besteht darin, daß die sechs Endflächen nicht genau in der Mitte des Kristalls zusammentreffen.

Empfänger-Generatorkristalle empfangen Energiemuster und strahlen sie gleichzeitig aus. Sie sind großartige Hilfsmittel zur Energieumwandlung und deshalb gut für alternative Heilungen geeignet.

Ein Empfänger-Generatorkristall ist viel einfacher zu finden als ein echter Generator. Das hat den Vorteil, daß man dadurch praktisch zwei zum Preis von einem bekommt. Diese Steine sind hervorragende Hilfsmittel beim Wahrsagen und für die telepathische Kommunikation und reinigen während dieser Vorgänge gleichzeitig die Energie.

Ein Empfänger-Generator vereinigt die Symbolik und die Fähigkeiten von Generator- und Empfängerkristall in sich. Er ist ein guter Stein, um die schwierige Balance zwischen Geben und Nehmen zu finden.

Kurzbeschreibung

Symbolisiert die Balance von Nehmen und Geben.
Ein Kraftstein.
Ein Schamanenstein.
Ein guter Traumstein.
Ein Erste-Hilfe-Stein.
Exzellentes Hilfsmittel für die telepathische Kommunikation.
Gutes Energieschild.
Gut, um Zugang zu den eigenen Glaubenssätzen zu bekommen.
Verstärkt jede Form von Kommunikation.
Hilft, Depressionen und Selbstverachtung aufzulösen.
Unvergleichlicher Energieumwandler.
Hilft, Ängste jeder Art zu bearbeiten.
Stimuliert Selbstvertrauen.
»Wenn du glaubst, daß du es kannst, kannst du es auch.«
Repräsentiert unsere Fähigkeit, mit Anmut zu geben und zu empfangen.

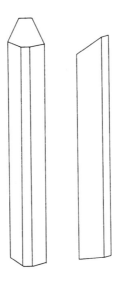

Empfängerkristall

Ein Quarzkristall mit einer breiten, schräg nach oben ge-
richteten Endfläche ist ein Empfängerkristall. Diese Kristalle ermöglichen es uns, jede Art von Energie schneller
und einfacher aufzunehmen. Sie können auch Energie aus
etwas herausziehen, weshalb sie gern für alternative Heilungsprozeduren verwendet werden. Empfängerkristalle
sind außerdem gut zum Aufladen mit körperlicher Energie
geeignet.

Ein Empfängerkristall in der linken und ein Generator
in der rechten Hand sind die beste Möglichkeit, Energie
durch den ganzen Körper zirkulieren zu lassen und auszu-
sendende Energie zu verstärken.

Empfängerkristalle erinnern uns daran, offener und auf-
nahmebereiter zu sein, neue Konzepte und Ideen zu akzeptieren und anderen Menschen weniger bewertend ge-

genüberzutreten. Sie zeigen uns, daß Nehmen genauso wichtig ist wie Geben. Empfängerkristalle sind großartige Traum- und Meditationssteine und natürlich die besten Partner für Generatorkristalle.

Kurzbeschreibung

Symbolisiert die Bereitschaft zu geben und zu empfangen.

Ein guter Traumstein.

Exzellenter Wahrsagestein.

Erstklassig zum Channeln.

Großartiges Hilfsmittel zum Zirkulieren von Energie.

Hat die Fähigkeit, Energie aus etwas herauszuziehen.

Beruhigend und tröstend.

Erinnert daran, offen für neue Ideen und Konzepte zu sein.

Hilft, offener und weniger bewertend zu sein.

Ein gutes Hilfsmittel für die telepathische Kommunikation.

Balanciert die beiden Gehirnhälften aus.

Sehr empfänglich für alle Arten von Energie.

Ausgezeichnet für jede Art von Kommunikation.

Der perfekte Partner für einen Generatorkristall.

Gut, wenn man Klarheit über das erlangen will, was man aufnimmt.

Erdenhüter

Erdenhüter sind Kristalle, die tief in der Erde verborgen sind. Sie können mehrere Kilogramm bis zu vielen Tonnen wiegen. Meist sind es Einzelkristalle, also keine Kristallgruppen, und oft sind sie milchig und trübe. Der größte bisher gefundene Kristall wurde in der früheren Sowjetunion entdeckt und hat die Höhe eines dreistöckigen Hauses. Erdenhüter sind also die Giganten der Kristallfamilie. Sie wachen über die Zeit und damit auch über die kleinen Menschen, die in der Zeit verhaftet sind.

Alle Erdenhüter senden Töne aus. Diese Töne schwingen in einer Frequenz, die die spezielle Energie des Ortes, an dem sie lokalisiert sind, hält. Erdenhüter helfen der Erde, ihre genaue Stellung im Universum zu halten und sollten deshalb immer dort belassen werden, wo man sie gefunden hat.

Erdenhüter können aus jeder Art von Quarzkristall bestehen und sie können jede Form haben. Die meisten von ihnen sind noch nicht gefunden worden und werden vermutlich auch in Zukunft nicht gefunden, weil ihre Aufgabe mit ihrem Standort zusammenhängt.

Da die meisten von uns niemals einen Erdenhüterkristall besitzen werden, es sei denn, ihnen gehört das Land, auf dem er liegt, müssen wir zu ihnen gehen. Erdenhüter sind erfurchtgebietende Energiegeneratoren, und wenn jemand unbedingt einmal die Nebenwirkungen von Kristallen kennenlernen will, sollte er sich eine Weile bei einem dieser Wächter aufhalten.

Kurzbeschreibung
Beschützer der Erde und all ihrer Lebewesen.
Erschafft Kraftplätze.
Strahlt eine bestimmte Schwingungsfrequenz aus, die eine bestimmte Aufgabe erfüllt.

71

ET-Kristall

Ein ET-Kristall ist ein Kristall, der an einem Ende eine und am anderen Ende mehrere Spitzen hat. Er sieht dadurch wie eine Weltraumrakete aus. (ET ist die englische Abkürzung für *Extra Terrestrials*, Außerirdische.)

Diese Kristalle können an der einen Spitze Energie aufnehmen und sie dann durch die vielen Spitzen am anderen Ende wieder ausstrahlen. Sie »versprühen« also regelrecht Energie (eine gute Möglichkeit, einen Raum aufzuladen). Und natürlich können sie auch das Gegenteil: Sie nehmen eine große Menge Energie durch die vielen Spitzen auf und fokussieren sie wie ein Laser in der einzelnen Spitze.

ET-Kristalle sind gute Steine für Menschen, die sich für Leben außerhalb unseres Planeten interessieren. Sie sind eine gute Erinnerung daran, daß es Leben in vielen Größen, Formen, Farben und Dimensionen gibt, und daß die menschliche Spezies nicht die einzige hochentwickelte Lebensform im Universum ist. Die Kombination eines ET-Kristalls mit Elestial, Moldawit oder Selenit verstärkt seine diesbezüglichen Eigenschaften.

ET-Kristalle sind erstklassige Geschenke für Menschen, die ihre eigene Kreativität verstärken wollen. Besonders für Wissenschafter, Künstler, Musiker, Lehrer und Astronauten sind sie hervorragend geeignet.

Da viele ET-Kristalle einmal selbstheilende Kristalle waren, sind sie sehr gut zum energetischen Aufladen geeignet. Sie eignen sich außerdem sehr gut für Unternehmer aller Art.

Kurzbeschreibung

Symbolisiert unsere Verbindung mit dem Universum.
Hilft bei der Kommunikation mit außerirdischen Lebewesen.
Wirkt wie ein Laser, indem er Energie fokussiert.
Kann Energie sammeln und dann verteilen.
Ausgezeichnet zum Aufladen mit Energie.
Hilft, Selbstvertrauen aufzubauen.
Ein gutes Hilfsmittel beim Channeln.
Gutes energetisches Schutzschild.
Hilft, mit Ängsten aller Art besser umzugehen.
Erinnert uns daran, daß wir uns nicht nur selbst heilen können, sondern dadurch auch zu einer völlig neuen Form des Seins und der Kraft gelangen.

Fensterkristall

Ein Fensterkristall ist ein Kristall mit einer rautenförmigen Struktur in der vorderen Mitte zwischen zwei Endflächen. Manchmal ist dieses Fenster eine regelrechte siebte Endfläche, was den Kristall dann noch zu einem siebenflächigen Stein macht. Richtige Fenster sind groß genug, um ins Innere des Kristalls hineinsehen zu können, sie sind also viel größer als die meisten rautenförmigen Strukturen, die man an Kristallen sonst findet.

Das nach innen gerichtete Kristallfenster bildet ein Oktaeder, welches das Aufeinandertreffen der höheren und niedrigeren Existenzebenen symbolisiert, die Verbindung von Geist und Materie. Ein Fensterkristall kann daran erinnern, sich dieser Verbindung immer bewußt zu sein.

In der Meditation kann man das Fenster benutzen, um einen Blick in das eigene Innere zu werfen. Es kann jedes wirkliche oder symbolische Fenster darstellen, in das man hinein- oder aus dem man herausschauen möchte. Was ein Mensch in diesem Fenster sieht, ist oft sehr verschieden von dem, was ein anderer sehen würde. Fenster sind Öffnungen, die uns erlauben, durch Wände und Mauern zu sehen. Wenn Sie durch das Fenster etwas sehen, das Sie nicht mögen, könnte es sein, daß Sie nur die Perspektive ändern oder Ihr inneres Fenster (die vorgefaßte Meinung über das Gesehene) putzen müssen.

Man kann einen Fensterkristall benutzen, um den Blickwinkel zu ändern und den Fortschritt auf dem eigenen Weg zu überprüfen. Durch das Fenster sieht man die Veränderungen, die durch Stimmungen, Energien, Erfahrungen und Wachstum eingetreten sind.

Fenster repräsentieren unsere Fähigkeit, durch die Illusion der vor uns stehenden Mauer hindurchzusehen. Fenster erschaffen selbst kein Licht, aber sie lassen das Licht frei durch sich hindurchscheinen. Fenster ermöglichen es uns, in zwei Richtungen gleichzeitig zu sehen. Außerdem symbolisieren sie unsere Bereitschaft, neue Sichtweisen auszuprobieren.

Kurzbeschreibung

Symbolisiert das Aufeinandertreffen von höheren und niedrigeren Existenzebenen.
Symbolisiert unsere Bereitschaft, durch die vor uns stehenden Barrieren hindurchzusehen.
Repräsentiert unsere Fähigkeit, in zwei Richtungen gleichzeitig zu sehen.
Repräsentiert unsere Fähigkeit, Illusionen zu durchschauen und neue Sichtweisen kennenzulernen.
Erinnert uns daran, offen für neue Sichtweisen zu sein.
Klärt unsere Wahrnehmung.
Ein guter Traumstein.
Ausgezeichnet zur Meditation.

Ermöglicht den Zugang zu Erinnerungen an frühere Leben.

Verschafft Zugang zu parallelen Realitäten.

Hilft uns, unsere gegenwärtige Realität klarer zu sehen.

Ausgezeichnetes Hilfsmittel beim Channeln.

Erinnert uns daran, daß wir unseren Blick auf etwas konzentrieren müssen, um ein klares Bild zu bekommen.

Ausgezeichnetes Hilfsmittel für die telepathische Kommunikation.

Hervorragendes Hilfsmittel beim Wahrsagen.

Erlaubt uns, mögliche Realitäten anzusehen.

Ein guter Spiegel unserer Sichtweisen, Meinungen und Glaubenssätze.

Erinnert uns daran, das Licht einzulassen.

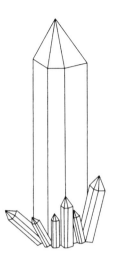

Füllekristall

Ein Füllekristall ist eine Kristallspitze, an deren Basis kleine Kristallgruppen wachsen (siehe auch Kristallgruppe). Füllekristalle symbolisieren den in nächster Nähe vorhandenen Reichtum und Überfluß. Vielleicht liegt der Reichtum direkt vor uns und wartet nur darauf, daß wir die Augen aufmachen und ihn sehen. Füllekristalle erinnern uns daran, Reichtum als solchen zu erkennen und zu sehen, wie er uns bei unseren Aufgaben helfen kann. Und sie machen uns klar, wieviel Fülle bereits da ist und uns unterstützt.

Ein Füllekristall als Meditationsstein hilft, sich mit den eigenen Glaubenssätzen über Wohlstand, Reichtum, Fülle und Überfluß auseinanderzusetzen. Sobald wir das Gefühl für Reichtum wirklich empfunden haben, ist Fülle im wahrsten Sinn des Wortes nur noch ein Gedanke weit entfernt. Füllekristalle helfen uns, das anzuziehen, was uns in Wirklichkeit bereits gehört. Wir haben nur vergessen, klar und unmißverständlich danach zu fragen. Füllekristalle symbolisieren, daß wir nur von unseren eigenen Vorstellungen über das, was uns zusteht oder was wir besitzen dürfen, eingeschränkt werden. Ein Grundgesetz der Physik lautet: Gleiches zieht Gleiches an. Wenn wir uns reich *fühlen*, ist es zu 80 Prozent bereits wahr und kommt mit jedem Gedanken näher. Wie würden Sie gehen, stehen, sitzen oder sprechen, wenn Sie den gewünschten Reichtum jetzt schon hätten? (Das bedeutet natürlich nicht, daß Sie alle Ihre Konten bis zum Anschlag überziehen sollen. Das ist keine Fülle, das ist nur das Benutzen fremden Geldes.)

Wenn Sie mehr Fülle in Ihr Leben bringen wollen, sollten Sie einen Füllekristall programmieren. Aber vorher sollten Sie sich völlig im klaren sein, was Fülle Ihnen wirklich bedeutet. Ist es Geld, Energie, Gesundheit, Liebe, Freunde, alles zusammen oder noch mehr? Was fehlt, damit Sie sich reich fühlen? Wie würde Fülle Ihr Leben verändern? Wie müssen Sie Ihr gegenwärtiges Verhalten ändern, um reich zu sein? Ist die Vorstellung davon angenehm oder unangenehm? Gibt es einen Teil in Ihnen, vor dem andere Teile Angst haben? Und wenn dem so ist, senden Sie deshalb vielleicht verwirrende Signale über Fülle aus? Wenn Sie gerade herausgefunden haben, daß Sie überhaupt nicht wissen, was Fülle für Sie bedeutet, haben Sie jetzt zumindest eine Ahnung, warum Sie sie nicht haben.

Füllekristalle sind außergewöhnlich gute Schutzsteine. Sie symbolisieren eine Mutter, die ihre Kinder beschützt, oder einen Schäfer, der über seine Herde wacht. Diese Kristalle erinnern uns daran, uns unsere Ideen und Träume zu bewahren und mit kindlichem Vertrauen Schritt für Schritt in ihre Richtung zu gehen. Sie sind ständige Erinnerungen daran, daß wir in all unseren Handlungen unterstützt werden, daß wir niemals allein sind, und daß es ständig Teile in uns gibt, die neue Erfahrungen in unser Bewußtsein bringen, damit wir unsere Ziele erreichen können.

Kurzbeschreibung

Symbolisiert die natürliche Macht, alles zu erschaffen, was man möchte.

Ein Kraftstein.

Ein Erste-Hilfe-Stein.

Ein guter Traumstein.

Konzentriert die Aufmerksamkeit auf Fülle und Wohlstand.

Hilft, Reichtum jeder Art anzuziehen.

Fördert eine leichtere, glücklichere Lebenseinstellung.

Erinnert uns daran, daß wir voll Vertrauen nach unseren Träumen handeln sollen.

Erinnert daran, daß immer noch etwas kommt.

Ausgezeichnet, um Gedankenprogramme wie »Ich kann das nicht« zu löschen.

Unterstützt in der Auseinandersetzung mit tiefen Ängsten vor Fehlschlägen.

Erstklassig zur Bekämpfung von Depressionen.

Ausgezeichnet zum energetischen Aufladen.

Ausgezeichnet für Geschäftsleute und Unternehmer.

Stimuliert Mitgefühl für weniger reiche Menschen.

Hilft, auf allen Ebenen des Lebens Harmonie zu erreichen.

Fördert das Verlangen nach Freiheit und Unabhängigkeit.

Erzeugt das Gefühl von Sicherheit, weil er daran erinnert, daß wir Unterstützung erfahren.

Unterstützt in der Auseinandersetzung mit der Angst vor der eigenen Kraft, der Macht, sich sein Leben so zu gestalten, wie man will.

Verhilft zu einer direkteren Kommunikation mit dem Höheren Selbst.

Erzeugt das Verlangen nach Kooperation mit anderen.

Enthält ein unendliches Wachstumspotential, weil man sich der Unterstützung durch andere bewußt wird.

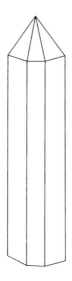

Generatorkristall

Generatorkristalle haben sechs Endflächen, die sich genau in der Mitte des Kristalls in einer nahezu perfekten Spitze treffen. Diese Kristalle können einen halben Zentimeter bis zu mehreren Metern hoch sein. Aber egal wie groß sie sind, es sind immer sehr kraftvolle Steine, die mit viel Respekt und Umsicht behandelt werden sollten.

Generatorkristalle tun genau das, was ihr Name verspricht: Sie erzeugen Energie und strahlen sie aus. Sie eignen sich wunderbar zur Unterstützung von Gruppenmeditationen und können andere Kristalle reenergetisieren und aufladen. Viele alternative Heiler benutzen Generatoren sehr gern, da sie in präzisen, gleichmäßigen Pulsen Energie erzeugen und aussenden. Eine Programmierung kann diese Wirkung noch erheblich verstärken. Manche Generatorkristalle sollen sogar soviel Energie erzeugen können, daß andere Kristalle in ihrer Nähe zerspringen. Achten Sie also darauf, wo Sie diese Kraftpakete hinstellen! Und wenn Sie immer noch bezweifeln, daß Kristalle wirklich etwas bewirken, könnte ein Experiment mit einem Generatorkristall Sie eines Besseren belehren.

Wie alle Steine ist auch jeder Generatorkristall ein Individuum mit speziellen Lebenserfahrungen und einer einzigartigen Frequenz. Er kann trübe oder klar sein, und in seinem Inneren können Phantome, Regenbogen oder sonstige Einschlüsse enthalten sein. Jeder Kristall der Quarzfamilie, dessen sechs Seiten eine punktförmige Spitze bilden, ist ein Generator.

Generatorkristalle symbolisieren die Zahl Sechs. Sechs ist die Zahl der Vollkommenheit und des Wachstums. Sie symbolisiert die Vollendung eines Prozesses und taucht im Leben immer dann auf, wenn eine Phase großen Wachstums beendet ist. Der Stein der Weisen wird mit der Sechs in Verbindung gebracht, genau wie das Schild von David und das Siegel des Salomon, das die Kraft besitzt, negative Energien zu binden. Sechs repräsentiert außerdem Sexualität, das Treffen männlicher und weiblicher Energien. Für Pythagoras war die Sechs die perfekte Zahl, da sie genau in der Mitte zwischen dem Beginn des Wachstums (2) und der Vollendung (10) steht.

Generatorkristalle sind ausgezeichnete Unterstützer bei Meditationen. Sie helfen, die Konzentration zu sammeln und auf ein vorgegebenes Ziel zu lenken. Sie sind gute Lehrer, wenn es darum geht, Energie und Kraft verantwortungsvoll einzusetzen, ohne etwas zu beschädigen. Wann immer Sie sich stark und sicher fühlen wollen, sollten Sie einen Generator bei sich haben. Generatorkristalle sind die perfekten Partner für Empfängerkristalle.

Symbolisiert die Vereinigung von Feuer und Wasser, die
die menschliche Seele erschafft.
Repräsentiert die Zahl Sechs mit all ihrer Symbolik.
Einer der besten Kraftsteine. Ein direktes Symbol für
kraftvolle Energie.
Ein Schamanenstein.
Ausgezeichnet zur Erschaffung, Fokussierung und Aus-
strahlung von Energie.
Hilft uns, etwas wirklich zu vollenden.
Gut für Anführer jeder Art.
Lädt alle Energiesysteme auf.
Erzeugt starke Gefühle von Selbstzufriedenheit und Mut.
Erstklassige Unterstützung für die Meditation.
Bricht Gefühle von Apathie und Lethargie auf.
Ausgezeichnetes Hilfsmittel beim Channeln.
Bester physischer und psychischer Schutzstein.
Hilft bei Höhenangst.
Ein gutes Hilfsmittel, um an die eigenen Grundüberzeu-
gungen zu gelangen.
Ausgezeichnet für Geschäftsleute.
Balanciert Energie schnell und direkt aus.
Eines der besten Hilfsmittel für die telepathische Kom-
munikation.
Hilft, bei spirituellen Übungen die Energie zu halten.
Ausgezeichnet zum Programmieren.

Geode

Geoden sind Kristallgruppen, die von einem anderen Quarz (meistens Agat) umgeben sind. Geoden sind kleine, abgeschlossene Kristallsysteme, kleine Kristallhöhlen. Im Prinzip sind alle natürlichen Höhlen, die mit Kristallen ausgekleidet sind, sehr große, meterlange Geoden.

Geoden haben sowohl die Eigenschaften des Quarzkristalls als auch die des umgebenden Minerals. Zum Beispiel hat eine Geode mit einer Agathülle sämtliche Qualitäten einer Kristallgruppe (mit allen möglichen Quarzvariationen wie Rauchquarz, Amethyst usw.) und dazu noch die Vielfalt des Agats. Das ist eine wirklich sehr kraftvolle Kombination. Agat kann unter anderem benutzt werden, um das Immunsystem zu stärken, ein toleranteres Verhalten zu erlernen, sich zu erden, die Chakras auszubalancieren und Muskelverspannungen zu beheben. Es gibt wohl kaum etwas, wofür unsere Vorfahren Agat nicht benutzt haben.

Geoden sind ausgezeichnet für Plätze geeignet, die Harmonie, Heiterkeit, Schutz und eine Stimulierung des Gedankenaustauschs brauchen. Alle Geoden, aber ganz besonders die großen Amethystgeoden, eignen sich daher sehr gut für Tagungs- und Konferenzräume.

Wie Chronikhüterkristalle sollen auch Geoden Informationen für eine bestimmte Person enthalten. Ein Mensch, der bereit ist, die Information zu empfangen, wird automatisch von der richtigen Geode angezogen.

Untersuchen Sie die Einzelkristalle in Ihrer Geode genau. Wie bei allen Kristallgruppen werden Sie verschiedenste Formen finden. Geoden sind die besten Gefährten für Devakristalle, und wenn Sie die Kommunikation noch verstärken wollen, sollten Sie ein Stück Pyrit hinzufügen.

Kurzbeschreibung

Symbolisiert Schutz während des Wachstums.

Repräsentiert unsere Fähigkeit, als Individuum in einer Gruppe zu fungieren.

Symbolisiert den Mikrokosmos im Makrokosmos.

Ausgezeichnete Unterstützung in der Meditation.

Eine Kristallhöhle.

Erstklassiger Schutzstein.

Stimuliert und erhält kreative Energieebenen.

Sehr empfehlenswert für Räume, in denen Versammlungen stattfinden.

Stimuliert das Verlangen nach Kooperation, Verständigung und Harmonie.

Verbindet direkt mit den Energien der Natur.

Exzellent für Kinder.

Stimuliert klares Denken und kreative Ideen.

Enthält oft Informationen für eine bestimmte Person.

Erinnert uns daran, daß wir alle Teil einer Familie oder einer Gruppe sind.

Trägt die gesamte Symbolik der Kristallgruppe und des umgebenden Minerals.

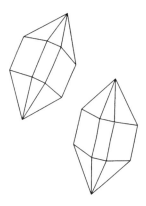

Herkimer Diamant

Herkimer Diamanten sind kleine, klare, doppelendige Quarzkristalle mit einem tonnenartigen Habitus. Herkimer Diamanten werden vor dem Verkauf nicht chemisch gereinigt (wie viele andere Kristalle), sie strahlen einfach von sich aus wie Diamanten. Echte Herkimer Diamanten werden nur in Herkimer County im Staat New York gefunden, und es ist mittlerweile sehr schwierig, sie zu bekommen. Da es bereits nachgemachte Steine im Handel gibt, sollten Sie beim Kauf dieser Kristalle auf jeden Fall nach der Echtheit fragen.

Herkimer Diamanten sind die Kraftsteine der Kristallfamilie, ganz egal wie groß oder klein sie sind. Ihre Größe hat keinerlei Einfluß auf ihre Kraft. Herkimer Diamanten sind bestens geeignet, um einen weichen und ausgeglichenen Energiefluß zu erzeugen, wann immer und wo immer man es braucht.

Herkimer Diamanten sind die Nonkonformisten der Kristallfamilie. Sie sind allein und ohne die Unterstützung anderer geboren worden, und sie stehen auch während ihres ganzen Lebens allein. Dennoch strahlen sie das schönste Licht aus, egal was passiert. Diese Kraft und Energie geben sie an die Menschen ab, die sie bei sich tragen. Herkimer Diamanten helfen uns, mit unserer Individualität in Kontakt zu kommen. Sie erinnern uns daran, daß wir nur dann Zugang zu unserer eigenen Stärke und Kraft bekommen, wenn wir ohne die Unterstützung anderer zu unserer inneren Stabilität finden. Wir müssen lernen, nur auf unser wahres Selbst zu vertrauen.

Herkimer Diamanten helfen uns, eine ausgeglichenere Persönlichkeit zu werden. Diese kleinen Freunde stimulieren unsere Kreativität und Intuition und verstärken damit unsere natürlichen Talente. Sie stimulieren und verstärken natürliche Fähigkeiten zur Hellsichtigkeit und helfen uns bei der Wiedererinnerung an frühere Leben. Außerdem stärken Herkimer Diamanten das Gedächtnis, besonders wenn sie mit Rhodochrosit zusammen verwendet werden.

Herkimer Diamanten können alle Arten von Energie ausbalancieren. Wenn Sie eine schwierige Phase durchleben, kann Ihnen ein Herkimer helfen, das Gleichgewicht zu halten.

Trotz ihrer geringen Größe können Herkimer Diamanten sehr viele Informationen speichern, was sie zu hervorragenden Steinen für Programmierungen macht. Außerdem sind sie gute Traumsteine, die klare Visionen und Träume bringen. Und natürlich sind sie auch sehr gut für Meditations- und Konzentrationsübungen geeignet.

Herkimer Diamanten reinigen den Emotional-, den Mental- und den physischen Körper und helfen dadurch, das eigene Energieniveau zu erhöhen. Sie erinnern uns immer auch daran, wo wir waren, als wir die jeweilige Ebene verlassen haben.

Kurz gesagt: Es gibt kaum etwas, was Herkimer Diamanten nicht können. Denken Sie an Kraft und Energie, wenn Sie an diese Steine denken.

Kurzbeschreibung

Symbolisiert unsere Fähigkeit, ganz auf uns allein gestellt kraftvolle Individuen zu sein.

Einer der besten Kraftsteine.

Ein guter Erste-Hilfe-Stein.

Hervorragender Traumstein.

Ein Schamanenstein.

Erlaubt klare telepathische Kommunikation.

Verstärkt unsere natürlichen medialen Fähigkeiten und unsere Aufmerksamkeit.

Harmonisiert die Chakras.

Reinigt alle feinstofflichen Körper.

Maximiert unsere natürlichen intuitiven Fähigkeiten.

Ausgezeichnet, um Balance zu erreichen und zu halten.

Stärkt das Erinnerungsvermögen.

Hilft, Zugang zu Erinnerungen an frühere Leben zu bekommen.

Hilft, große Mengen spiritueller Energie zu halten.

Erzeugt große Mengen physischer Energie.

Hilft, auf allen Ebenen einen sanften und ausgeglichenen Energiefluß zu halten.

Gibt den Mut, ein autonomes Individuum zu sein und zu bleiben.

Hält uns in enger Verbindung mit unserer wahren Essenz.

Erinnert uns daran, immer aus einem Raum innerer Integrität heraus zu handeln.

Stimuliert ein starkes Bedürfnis nach persönlicher Freiheit und Unabhängigkeit.

Hervorragend für Geschäftsleute.

Erinnert uns daran, wer wir sind, und hilft uns, aus diesem inneren Wissen heraus zu handeln.

Gut, um mit spirituellen Führern und Lehrern zu kommunizieren.

Erinnert uns daran, daß wir letztendlich lernen müssen, uns nur auf unser wahres Selbst zu stützen.

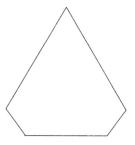

Isiskristall

Jeder Kristall mit mindestens einer fünfseitigen rhombo-
edrischen Endfläche (wie die oben gezeigte) ist ein Isiskristall. Die Zahl Fünf symbolisiert die Mitte, Liebe, Gesundheit, Wissen, Essenz, die menschliche Seele, schnellen
Wandel und Dinge, die noch nicht vollendet sind. Fünf
symbolisiert außerdem die harmonische Vereinigung von
Yin und Yang, Meditation, Hochzeit, Religion und das Potential für die Befreiung aus der Materie. Ein Isiskristall
kann uns also an all diese Dinge erinnern und daran, daß
die menschliche Seele immer nach Wiedervereinigung mit
ihrer Quelle strebt, auch wenn sie sich als noch nicht perfekt empfindet.

Ein Isiskristall verbindet uns mit den höheren Aspekten
unserer Yin-Natur, egal ob wir männlich oder weiblich
sind. Er verstärkt dabei die positiven Yin-Qualitäten und
unterdrückt die weniger produktiven. In der Meditation
kann ein Isiskristall helfen, verlorene und verschüttete Erinnerungen über die Zeit wiederzuerlangen, in der wir unsere Yin-Energie zum Wohle anderer eingesetzt haben.

Isis ist »die, die etwas hervorbringt«. Sie symbolisiert
Treue in der Liebe, Ausdauer in scheinbar ausweglosen Situationen, Mut, Mitgefühl, Demut, Akzeptanz, Weisheit,

Fruchtbarkeit und Edelmut gegenüber allen Lebewesen. Ein alter ägyptischer Text von ca. 3000 v. Chr. sagt: »Am Anfang war Isis, die Älteste der Ältesten.« Sie ist »die eine, die alles ist«, die »Dame im roten Gewand«, »die Trägerin der Flügel, Quelle der Götter und Mutter des Lebens.« Es war Isis, die den Menschen die Geheimnisse der Sterne enthüllte und die die Herrschaft über die Welten der Macht innehatte. In die Mysterien der Isis eingeweiht zu werden, bedeutete einen privilegierten Status im Leben nach dem Tode. Isis wird mit dem Sternensystem Sirius in Verbindung gebracht, Osiris dagegen mit dem Orion (siehe auch Osiriskristall).

Ein Isiskristall ist ein guter Traumstein und gut für die Bearbeitung von Themen geeignet, die mit der Zahl Fünf zu tun haben. Und natürlich ist er der perfekte Partner für einen Osiriskristall.

Kurzbeschreibung
Symbolisiert die menschliche Seele auf ihrer Suche nach Vollendung.
Steht für Worte der Kraft und Macht.
Symbolisiert die menschliche Bestimmung.
Repräsentiert Weisheit, Gerechtigkeit und Treue.
Symbolisiert Mut angesichts großer Not.
Ein guter Traumstein.
Ein Schamanenstein.
Zieht menschliche Liebe an.
Verstärkt die höheren Aspekte der Yin-Qualitäten.
Kontrolliert und unterdrückt die weniger wünschenswerten Yin-Qualitäten.
Hilft uns, das Ego auf den richtigen Platz zu verweisen.
Eine gute Hilfe bei der Bearbeitung von Kummer, Leid und Verlust.
Hilft, Lebensängste zu bearbeiten.
Erhöht unsere Kompatibilität mit anderen Menschen.

Unterstützt uns bei der Wiedererlangung verlorener Yin-Qualitäten.

Ein Fruchtbarkeitsstein.

Lehrt uns Geduld und Ausdauer in scheinbar ausweglosen Situationen.

Stimuliert das Verlangen nach Treue in der Liebe.

Wird traditionell als Unterstützung für die weiblichen Fortpflanzungsorgane angesehen.

Repräsentiert Schönheit und Mut.

Steht für die Göttliche Mutter, die Himmelskönigin, die, welche die Sonne hervorbringt, die Quelle der Götter, die eine, die alles ist.

Kathedralenkristall

Ein Kathedralenkristall ist ein Kristall, der an einer Seite keine Trennungslinie zwischen dem Körper und der Endfläche hat. Mit anderen Worten, eine der Seiten und die dazugehörige Endfläche wird jeweils nur von zwei Linien begrenzt. Dies ist eine ziemlich seltene Kristallform, die oft in einem Empfängerkristall auf der gegenüberliegenden Seite der abgeschrägten Endfläche zu finden ist.

Die alten Etrusker teilten den Himmel mit Hilfe von zwei geraden Linien, die sich in einem Punkt schnitten. Dieser Punkt symbolisierte das Zentrum des Universums, und die beiden Linien repräsentierten die nord-südliche und die ost-westliche Ebene des Seins. Spirituelle Phänomene wurden dann je nach ihrer Position in der »Kathedrale« interpretiert. Dieser Raum war ein Ort der heiligen Offenbarungen, ein Ort, wo die drei Welten (obere, irdische und untere) zusammentrafen. Ein Kathedralenkristall kann in genau dieser Weise benutzt werden, was ihn zu einem ausgezeichneten Werkzeug zum Channeln macht.

Symbolisch repräsentiert eine Kathedrale oder ein Tempel das innere Selbst, welches als Materie Form angenommen hat. Kathedralen sind Plätze der Erneuerung des menschlichen Geistes, die speziell zur Hinwendung an das Göttliche und Heilige geschaffen wurden. Ein Kathedralenkristall erinnert uns daran, diese Verbindung in unserem Inneren aufrechtzuerhalten. In unserer eigenen Kapelle sind wir immer sicher, und nichts kann uns etwas anhaben, solange wir es nicht zulassen. Das wirkliche Selbst kann niemals bedroht werden.

Wenn ein Kathedralenkristall gleichzeitig noch ein Empfängerkristall ist, verstärkt und erhöht er unsere Fähigkeiten, uns mit Gott zu verbinden (was immer das für uns persönlich bedeuten mag). Wir können dann die Erneuerung und Stärkung, die wir brauchen, in unser tägliches Leben mitnehmen. Wenn Sie von dieser Information praktischen Gebrauch machen wollen, dann benutzen Sie einen Kathedralenkristall zusammen mit einem Stück Fluorit.

Kurzbeschreibung

Symbolisiert die Kommunikation zwischen Himmel und Erde.

Symbolisiert unsere ständige Verbindung mit dem Unendlichen, dem Göttlichen.

Erstklassiger Traumstein.

Ausgezeichneter Erste-Hilfe-Stein.

Hilft, Depressionen zu bekämpfen und Gefühle wie »Was soll das alles?«

Außerordentlich gutes Hilfsmittel beim Wahrsagen.

Besonders gut, wenn man mit Problemen arbeitet, die mit dem Ego zusammenhängen.

Hervorragendes Hilfsmittel für die telepathische Kommunikation.

Unterstützt in Zeiten der Wandlung und Transformation.

Erzeugt Gefühle von Frieden, Heiterkeit und Vertrauen.

Übernimmt eine aktive Rolle bei Transformationen jeder Art.

Hilft, jederzeit und überall eine kapellenähnliche Atmosphäre zu erzeugen.

Verstärkt die geistige Verbindung auf allen Ebenen der Existenz.

Außergewöhnlich gut zum Meditieren.

Hilft, Geduld, Mitgefühl, Toleranz und bedingungslose Liebe zu lernen.

Gutes Hilfsmittel in der Kommunikation mit dem Höheren Selbst.

Erstklassiges Hilfsmittel beim Channeln.

Erinnert uns daran, daß wir spirituelle Wesen sind, die menschliche Erfahrungen machen.

Erstklassig, um spirituelles Gleichgewicht zu erlangen und zu erhalten.

Hilft, sowohl durch die spirituellen, als auch durch die menschlichen Augen zu sehen.

Hilft bei Ängsten, die durch das Gefühl hervorgerufen werden, nicht mit dem wahren Selbst verbunden zu sein.

Klingender Kristall

Ein klingender Kristall ist meistens ein langer, dünner, *völlig klarer* Quarzkristall, der eine oder zwei Spitzen haben kann. Die meisten oder sogar alle Kanten eines klingenden Kristalls stehen im rechten Winkel zueinander. Klingende Kristalle sind aber keine Laserkristalle. Alle Laserkristalle machen einen alten, gebrauchten Eindruck, klingende Kristalle sehen dagegen aus, als seien sie gerade künstlich hergestellt worden (siehe auch Laserkristall).

Obwohl klingende Kristalle normalerweise lang und dünn sind, können einige von ihnen in andere Formen umgeschliffen worden sein, z.B. in Kristallkugeln. Passen Sie also auf, daß Sie sie nicht übersehen! Manche Menschen glauben, daß echte klingende Kristalle in Lemurien erschaffen und programmiert wurden und die Aufgabe haben, durch Klang zu heilen.

Klingende Kristalle werden benutzt, um Töne zu intensivieren, zu verstärken und aufzubewahren. Oft sind diese Kristalle bereits durch Mantren, Gesang, Sprache oder spezielle Musik vorprogrammiert. Alle Quarzkristalle haben die Fähigkeit, Energiefrequenzen aufzunehmen und in sich zu behalten, klingende Kristalle jedoch sind Experten für Klangfrequenzen. Sie werden deshalb oft für Heilungsprozeduren benutzt, in denen mit Klang gearbeitet wird.

Beständige Übung mit einem klingenden Kristall erhöht die Sensitivität für Tonfrequenzen, Lichtfrequenzen und sogar den Energiespin der Chakras. Während außerkörperlicher Erlebnisse kann dieser Kristall ein ausgezeichnetes Rückkehrsignal sein, besonders wenn man ihn mit Lapislazuli kombiniert.

Klingende Kristalle fungieren als Brücke zwischen den ersten Bewohnern der Erde und ihren ursprünglichen Heimatplaneten. Sie verbinden außerdem innere und äußere Welten und das innere und äußere Selbst.

Kurzbeschreibung

Symbolisiert die Klangbrücke zwischen den inneren und den äußeren Welten.

Der Klangexperte der Kristallfamilie.

Ein gutes Hilfsmittel, um die Sensitivität für Klänge und andere Frequenzen zu erhöhen.

Ausgezeichneter Unterstützer von Affirmationen.

Enthält Tonfrequenzen und gibt sie weiter.

Gut zum Meditieren.

Unterstützt außerkörperliche Reisen.

Der beste Kristall, wenn man mit Licht und Klang experimentiert.

Ausgezeichnetes Hilfsmittel für alternative Heiler.

Soll eine Brücke zwischen den ersten erdbewohnenden Rassen und ihren Heimatplaneten sein.

Soll in Lemurien für ganz spezielle Heilungszwecke erschaffen und programmiert worden sein.

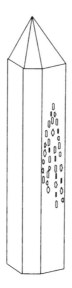

Kometenkristall

Kometenkristalle haben auf einer oder auf mehreren Seiten eine Anzahl von kraterähnlichen Einkerbungen, die so angeordnet sind, daß sie wie der Schweif eines Kometen aussehen. Diese Kristalle erhöhen unsere Fähigkeit, die Welt und unseren Platz darin realistischer zu sehen. Wenn wir mit einem Kometenkristall meditieren oder schlafen, werden wir immer besser verstehen, was mit »kosmischem Bewußtsein« gemeint ist. Wir synchronisieren uns mit dem ganzen Universum und können dadurch den größeren Zusammenhang sehen. Kometenkristalle erinnern uns daran, daß nichts im Universum stillsteht, daß nichts immer gleich bleibt und daß die Dinge oft anders sind, als sie auf die Entfernung erscheinen.

Kometen bestehen aus Feuer, Eis und Licht. Sie verkörpern enorme kreative Energie und Kraft, Transformation und einen schnellen, aber immer wiederkehrenden Wandel. Kometen wurden schon immer als Boten angesehen, die großes Glück ankündigen oder eine deutliche Warnung sind. Nach der weiten Reise von ihrem Ursprungspunkt durch die gesamte Galaxis sind sie nicht mehr dieselben wie vorher – genau wie wir. Ein Kometenkristall stimuliert unsere eigene mediale Bewußtheit, so daß wir eingehende Informationen klarer und deutlicher wahrnehmen können.

Kurzbeschreibung
Symbolisiert das Feuer des Geistes, welches das Eis der menschlichen Selbstgefälligkeit transformiert.
Symbolisiert enorme Kraft und Energie, die von oben über uns kommt.
Repräsentiert rasche Bewegung.
Hilft uns, unsere natürliche mediale Bewußtheit zu aktivieren.
Stimuliert enorme kreative Energien.
Erinnert uns daran, unser physisches Sein auf dem Planeten Erde zu akzeptieren.
Hilft zu verstehen, was mit kosmischem Bewußtsein gemeint ist.
Stimuliert träge Energiemuster.
Ein gutes Hilfsmittel für die telepathische Kommunikation.
Hilft, die eigene Kraft und Macht zu akzeptieren und sie auch einzusetzen.
Erstklassig zum energetischen Aufladen.
Eine gute Erinnerung daran, daß das, was vorbeikommt, auch wieder zurückkommt.
Hilft bei langfristigen Entscheidungen.
Erinnert an die zyklische Natur aller Dinge.
Gut in Zeiten der Wiedergeburt, des Übergangs und der Transformation.

Hilft, den richtigen Platz im eigenen Universum zu finden.

Eine gute Erinnerung daran, daß nichts für immer gleich bleibt.

Erinnert uns daran, daß wir uns verändern, wenn wir uns vorwärtsbewegen, und daß die Veränderung immer schneller geht, je schneller wir uns bewegen.

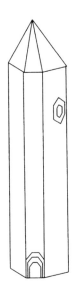

Kraterkristall

Ein Kraterkristall ist ein Kristall, an dessen Basis oder Seiten andere Kristalle angewachsen waren, die nun fehlen, was kraterähnliche Einkerbungen hinterlassen hat.

Kraterkristalle symbolisieren unsere Fähigkeit loszulassen, jemanden oder etwas gehen zu lassen und als Individuum weiterzuwachsen, obwohl nun vielleicht etwas Wichtiges fehlt. Kraterkristalle sind ausgezeichnete Symbole für ein Kind, das die Eltern verläßt und nicht länger die Unterstützung, den Schutz und den Rahmen des Elternhauses für sein Wachstum braucht. Sie sind Aufforderungen, die Anbindung an so gut wie alles loszulassen, was sie zu guten Hilfsmitteln bei Geburt und Wiedergeburt macht. Bei der Bearbeitung von Süchten aller Art sind diese Steine äußerst hilfreich. Kraterkristalle erinnern uns an die Vielschichtigkeit des wahren Selbst und daran, daß alle

Dinge irgendwann den Weg alles Irdischen gehen werden. Wie Sie sicher schon ahnen, sind Kraterkristalle ausgezeichnete Hilfsmittel, wenn es darum geht, Lektionen über Nichtverhaftetsein und Loslassen zu lernen.

Krater sind Ersatzsymbole für Kelche, und sowohl Kelche als auch Krater sind uralte Symbole für die Weltenseele als Träger des Höheren Selbst. Beide erinnern daran, daß die individuelle Seele der Weltenseele entspringt und ständig vom Höheren Selbst erfüllt, genährt und erneuert wird.

Geophysikalische Krater entstehen durch schnelle, gewalttätige Einwirkungen, und daher kann ein Kraterkristall eine gute Erinnerung sein, daß wir nicht warten sollten, bis das Leben uns mit Gewalt auf den Punkt bringt.

Kurzbeschreibung
Symbolisiert die Weltenseele als Träger der individuellen Seele.
Repräsentiert unsere Fähigkeit, loszulassen und dennoch ganz zu bleiben.
Symbolisiert den Schüler, der die Schule verlassen hat.
Ausgezeichnet bei der Bearbeitung von Märtyrer- oder »Warum ich?«-Themen.
Empfehlenswert für Schüler und Lehrer.
Ausgezeichnet für Eltern und Kinder.
Gut bei der Bearbeitung von Süchten aller Art.
Hilft, Lektionen zu lernen, bevor man dazu gezwungen wird.
Gutes Hilfsmittel bei Geburt und Wiedergeburt.
Ausgezeichnet in Zeiten des Übergangs und der Wandlung.
Gute Erinnerung an die Vielschichtigkeit des Selbst.
Ausgezeichnet für jede Art von innerer Arbeit.
Einer der besten Steine, um Lektionen des Nichtverhaftetseins zu lernen.

Erinnert uns daran, andere zu unterstützen und zu nähren und sie dann *gehen zu lassen.*
Erinnert uns daran, daß wir auch ohne die ständige Unterstützung anderer weiterwachsen können.

Kriegerkristall

Kriegerkristalle sind kraftvolle Quarzkristalle (meistens Generator-, Laser- oder Quantenkristalle), die unsanft behandelt und dadurch beschädigt worden sind, die abgesplitterte oder abgebrochene Stellen oder Spitzen haben. Der Unterschied zu den einfühlsamen Kristallen besteht darin, daß jene noch stärker beschädigt sind (siehe auch einfühlsamer Kristall). Kriegerkristalle symbolisieren den spirituellen Krieger in uns und erinnern uns daran, daß wir Hindernisse ohne Murren zu überwinden haben. Auch wenn das Leben uns manchmal sehr unsanft behandelt, dient das unserem Wachstum.

Kriegerkristalle bringen oft wundervolle Regenbogen hervor. Es ist die Überwindung der Beschädigung, die dem Kristall die Kraft gibt, solche Regenbogen zu erschaffen. Kriegerkristalle erinnern uns daran, daß wir dasselbe tun können (siehe auch Regenbogenkristall). Meditationen mit einem Kriegerkristall verschaffen uns Zugang zu dem spirituellen Krieger in uns und können uns bei unserer Visionssuche führen und unterstützen. Sie erinnern uns daran, daß wir in Wirklichkeit immer nur gegen uns selbst kämpfen. Sie fordern uns auf, Verantwortung für unser Leben zu übernehmen und genau zu prüfen, warum wir unser wahres Selbst nicht leben. Sie helfen uns aber auch, Illusionen und Selbstbeschränkungen mit der nötigen Integrität und Klarheit zu überwinden.

Kriegerkristalle stärken unsere mentalen und spirituellen Eigenschaften und verbinden uns mit den uns ständig umgebenden Erdenergien. Sie sind wundervolle Gefährten auf der spirituellen Reise.

Kurzbeschreibung
Symbolisiert Wahrheit, Integrität und die Fähigkeit, sein Selbst zu leben.
Symbolisiert den spirituellen Krieger.
Ein Kraftstein.
Ein Schamanenstein.
Ein guter Traumstein.
Ausgezeichneter Erste-Hilfe-Stein.
Verschafft uns Zugang zu unserer Kriegernatur.
Ausgezeichneter Schutzstein.
Hilft bei der Überwindung von Ängsten.
Repräsentiert Stärke und Integrität.
Ein guter Meditationsstein.
Ein gutes Hilfsmittel bei der Bearbeitung von Ängsten vor persönlicher Macht.
Unterstützt Vertrauen und Mut.
Hervorragender Energieschild.
Gut zum Ausbalancieren von zu viel oder zu wenig Yang-Energie.
Hilft beim Umgang mit Depressionen.
Unterstützt beim Umgang mit Tod oder lebensbedrohlichen Krankheiten.

Eine gute Erinnerung daran, daß wir in Wirklichkeit immer nur gegen unsere eigene Natur ankämpfen, einen Kampf, den wir unweigerlich verlieren werden.
Erinnert uns daran, daß wir niemals besiegt werden können, solange wir unserem Selbst treu sind.

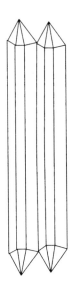

Kristall der geistigen Führer

Zwei Seite an Seite wachsende doppelendige Kristalle von gleicher Größe und Länge werden als Kristall der geistigen Führer bezeichnet. Dies ist ein sehr persönlicher Kristall, der mit viel Respekt und Verehrung behandelt werden sollte.

Kristalle der geistigen Führer sollen uns erinnern, daß wir niemals völlig allein oder verlassen sind, und daß von uns nicht erwartet wird, alle Aufgaben ohne Hilfe zu meistern. Diese Kristalle erinnern uns auch daran, daß es in Ordnung ist, um Hilfe zu bitten. Und nicht nur um geistige Hilfe: Geistige Führer lieben es, praktisch zu werden.

Meditationen mit einem Kristall der geistigen Führer verbinden uns mit unseren Beschützern, Führern und Lehrern auf anderen Existenzebenen. Dies können hochentwickelte Seelen sein, die mit heiligem Wissen betraut sind.

Oder es sind hochentwickelte Intelligenzen der ätherischen Welt, die viele Inkarnationen durchlebt haben, »geheimes« Wissen besitzen und nun Führung, Assistenz und Schutz anbieten. Ein Kristall der geistigen Führer kann uns mit jeder dieser Wesenheiten in Verbindung bringen.

Kurzbeschreibung

Symbolisiert geistigen Schutz.

Ein Kraftstein.

Ein Erste-Hilfe-Stein.

Ein ausgezeichneter Traumstein.

Hilft, ein bestimmtes Energieniveau zu halten.

Bringt uns in Verbindung mit heiligem Wissen.

Ausgezeichnetes Hilfsmittel bei medialen Übungen.

Ermöglicht Zugang zu verborgenem alten Wissen.

Einer der besten Schutzsteine überhaupt.

Einer der besten Steine zum Channeln.

Erinnert uns daran, daß wir nicht verlassen wurden und niemals verlassen werden.

Besonders empfehlenswert als Schutz für kleine Kinder.

Hervorragender Energieschild.

Verbindet uns mit unseren spirituellen Lehrern und Führern.

Erinnert uns daran, daß nicht erwartet wird, daß wir alle unsere Aufgaben ohne Hilfe bewältigen.

Deutliche Aufforderung, um Hilfe zu bitten, wenn man sie braucht.

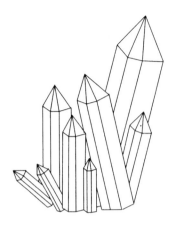

Kristallgruppe

Kristallgruppen symbolisieren harmonisch zusammen-
lebende Individuen, die sich gegenseitig unterstützen und
einander vertrauen. Sie symbolisieren Frieden, Familie und
vereinte Energie.

Kristallgruppen sind wunderbar für Plätze geeignet, an
denen sich regelmäßig Menschen treffen, die miteinander
kooperieren müssen. Durch die Kristalle wird in ihnen ein
Verlangen nach effektiver Kommunikation geweckt, was
automatisch zu produktiveren Beziehungen führt. Wann
immer Sie das Geschehen in einem Raum verändern und
harmonisieren wollen, sollten Sie eine Kristallgruppe
(Bergkristall, Amethyst, Rauchquarz oder Rutilquarz) in
einer Zimmerecke aufstellen. Rauch- und Turmalinquarz
sind darüber hinaus noch ausgezeichnete Energieschilde.

Wie in jeder Familie ist auch in einer Kristallgruppe jeder Einzelkristall ein Individuum. Bei genauerer Betrachtung sehen wir die vielen Einzelpersönlichkeiten, die in der
Gruppe leben. Die Größe einer Kristallgruppe sagt übri-

gens nichts über ihre Energiestärke aus. Um das herauszu-
finden, muß man die Energiebewegungen mit einem Pendel untersuchen (siehe Seite 18). Kleine Kristallgruppen
eignen sich gut, um die Energiezentren des Körpers (die
Chakras) zu energetisieren. Kristallgruppen im allgemei-
nen helfen, alle Lebensformen zu energetisieren und von
schweren, langsamen und unproduktiven Energien zu reinigen.

Kurzbeschreibung
Symbolisiert Harmonie und Kooperation zwischen ver-
schiedenen Individuen.
Repräsentiert die Gruppenbildung von Individuen zur
Erzielung optimaler Ergebnisse.
Aktiviert und verstärkt Kreativität.
Erzeugt das Verlangen, mit anderen zu kooperieren und
zu harmonieren.
Steigert die Kommunikationsfähigkeit auf allen Ebenen.
Wirkt stabilisierend und ausgleichend auf die Energien in
der unmittelbaren Umgebung.
Zerstreut Depressionen und schwere, unproduktive Ge-
danken.
Überall dort gut, wo Verträglichkeit und Kommunika-
tion wichtig sind.
Verstärkt mediale Fähigkeiten.
Sehr gut für schüchterne Menschen.
Guter medialer Schutzstein.
Ausgezeichnet zur Gedankenverstärkung.
Gut für alle Chakras.
Hilft, ein mentales und emotionales Gleichgewicht zu er-
langen.
Balanciert Yin- und Yang-Energien aus.
Ausgezeichneter Energieschild.
Hilft, mit alltäglichen Ängsten und Unsicherheiten um-
zugehen.

Erstklassiger Verstärker körperlicher Kraft.
Reinigt und energetisiert Räume, Menschen, andere Steine und alles Lebendige.
Symbolisiert den Zusammenschluß von Individuen zu einer Einheit, um eine bestimmte Aufgabe erfüllen zu können.

Kristallkugel

Kristallkugeln sind seit Tausenden von Jahren die ganz besonderen Lieblinge der Menschen, besonders wenn es um Einblick in die Vergangenheit oder Zukunft geht.

Eine kleine Kristallkugel erinnert uns an unser enormes Wachstumspotential. Eine große Kugel erinnert an die Kraft der universalen Liebe und daran, daß alles und jeder in diesem Kreis der bedingungslosen Liebe gehalten wird.

Kugeln repräsentieren die Zahl Zehn, die an sich schon ein äußerst wichtiges Symbol ist. Zehn ist unter anderem ein Symbol für den Kosmos, die Einheit und die absolute Vollkommenheit. Sie ist die Zahl der Vollendung, da alle Zahlen letztendlich zur Eins zurückkehren. Zehn repräsentiert das, was alles enthält, und sagt uns, daß alles möglich ist. Sie symbolisiert das Ende einer Reise und die erfolgreiche Vollendung der spirituellen Initiation, kann aber auch den Wiederbeginn einer Serie von Zyklen bedeuten, da die Zehn auch den Zirkelschluß repräsentiert. Oft steht diese Zahl auch symbolisch für eine Hochzeit.

Die Energien einer Kristallkugel wirbeln normalerweise sehr schnell kreisförmig um sie herum. Nach außen strahlen sie ein Muster von konzentrisch immer größer werdenden Kreisen aus, so wie bei einem Stein, der ins Wasser gefallen ist. Doch haben nicht alle Kristallkugeln dieses kreisförmige Energiemuster, und Sie sollten nach der am Anfang dieses Buches beschriebenen Anleitung den Energiefluß Ihrer eigenen Kugel überprüfen. Vielleicht konzentriert sich die Energie auf einen Punkt oder verläuft in noch einem anderen Muster.

Die exakte kreisförmige Ausstrahlung der meisten Kristallkugeln macht sie zu guten Kandidaten für Programmierungen. Das eingegebene Programm wird in regelmäßigen Wellen ausgestrahlt, die sich in immer größer werdenden Kreisen ausbreiten.

Alle Kugeln sind auch Kreise, und Kreise symbolisieren unter anderem Ganzheit, Vollkommenheit, das Selbst, Unendlichkeit, Einheit mit Gott, das Nichtmanifestierte, bedingungslose Liebe, Gelassenheit, alle Zyklen, die Sonne, den Mond, die Planeten und alle anderen Himmelskörper, Bewegung ohne Anfang und Ende. Sogar der Umfang einer Kristallkugel hat eine besondere Symbolik: Er repräsentiert alle zyklischen Bewegungen, die präzisen Begrenzungen der Welt der Form, die innere Einheit aller Materie, universale Harmonie und das Wachstum, die Bestimmung und Evolution des Menschen.

Wie alle Kristalle sollte man auch eine Kugel auf Phantome oder andere besondere innere Formen untersuchen. Viele Kristallkugeln sind auch noch Selenenkristalle, Lehrerkristalle, Devakristalle oder sogar Phantome. Sie erinnern uns daran, daß es selten nur eine Interpretation der Dinge gibt.

Kurzbeschreibung
Symbolisiert das vollkommene Selbst.
Symbolisiert Vollkommenheit und Unendlichkeit.
Ein uraltes Symbol für die Zahl Zehn mit all ihren Bedeutungen.
Symbolisiert die den Raum umgebende Zeit.
Repräsentiert spirituelles Eingestimmtsein und Ganzheit.
Symbolisiert bedingungslose Liebe und Harmonie.
Ein Schamanenstein.
Eine der primären geometrischen Formen.
Stimuliert das Verlangen nach Harmonie und Frieden.
Stimuliert Kreativität.
Erstklassig zum Erlangen von spiritueller Verbundenheit und Gleichgewicht.
Unterstützt jegliche Kommunikation.
Effektives Hilfsmittel bei der Bearbeitung mentaler und emotionaler Unausgeglichenheit.

Wird seit ewigen Zeiten zum Wahrsagen benutzt.
Verstärkt die natürlichen intuitiven Kräfte.
Hilft bei Melancholie und Depressionen.
Erweckt und verstärkt natürliche mediale Fähigkeiten.
Ausgezeichnet für Lehrer.
Stimuliert das Verlangen nach persönlichem Wachstum
und Selbsterkenntnis.
Verstärkt Gedanken, Gefühle und andere Energien.
Ausgezeichnet zum Programmieren.
Lindert Nervosität und Ängste.
Erstklassige Unterstützung bei der Meditation.
Hilft ausgezeichnet bei Konzentration und Fokussierung.
Gute Hilfe bei der Entlarvung von Glaubenssätzen.
Exzellentes Hilfsmittel für die telepathische Kommunikation.
Gut für die Kommunikation mit »höheren« Energien.
Gut für die Kommunikation mit dem Höheren Selbst.
Erinnert uns an unser unendliches Wachstumspotential.
Gute Erinnerung daran, daß es immer noch Raum für
mehr gibt.

Kristallnadel

Eine Kristallnadel ist ein langer, sehr dünner und völlig klarer Kristall. Sie ist ungefähr viermal so lang wie breit und sehr zerbrechlich. Normalerweise sind diese Nadeln nicht teuer, da sie aber außergewöhnlich schnell zerbrechen, wird es immer schwieriger, sie zu finden.

Kristallnadeln werden benutzt, um Energie präzise zu dirigieren oder Energieknoten zu lösen. Sie werden oft bei alternativen Heilungen verwendet und sind sehr effektiv, wenn man sie an den Akupunkturpunkten einsetzt (ganz besonders Nadeln aus Selenit).

Kristallnadeln sind gute Energieverstärker und Hilfsmittel für die telepathische Kommunikation. Überprüfen Sie die Endflächen Ihrer Nadel, um möglicherweise noch eine andere Kristallform in ihr zu finden (z. B. Empfänger-,

Zeitsprung-, Isis- oder Generatorkristall). Diese Nadel wird die Energie dann besonders gut für die Funktion leiten und konzentrieren, die mit der jeweilig anderen Kristallform assoziiert ist.

Nadeln werden oft in Kristallmusterlegungen benutzt, um bestimmte Energiemuster zu verbinden oder auszurichten. Sie sind ausgezeichnete Konzentrationspunkte, wenn man etwas erschaffen oder etwas Zerstörtes wieder »zusammennähen« will.

Kurzbeschreibung

Hervorragendes Hilfsmittel für alternative Heiler.

Kann benutzt werden, um diffuse und zerstreute Energie wieder »zusammenzunähen«.

Gut als verbindender Stab in Energiemusterlegungen.

Empfehlenswert für den Einsatz an Akupressurpunkten.

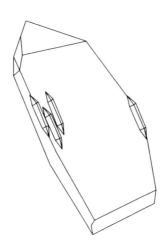

Kristallscherbe

Kristallscherben sind breite, flache Kristallscheiben, die nicht in der üblichen hexagonalen Kristallform gewachsen sind, sondern in plattenähnlichen Lagen. Kristallscherben können entweder von der Matrix abgeschnittene Stücke oder aber wirklich in dieser ungewöhnlichen eckigen Form gewachsene Kristalle sein. Es gibt sie in allen Größen und Formen, klar oder undurchsichtig. Manchmal wachsen auf ihrer Oberfläche kleinere Kristalle, z.B. Tabularkristalle. Manche Kristallscherben sind selbstheilend, und viele sind Quantenkristalle. Sie haben eine breite Symbolik und viele Funktionen.

Kristallscherben haben etwas Tröstendes, aber sie energetisieren auch. Spielen Sie mit ihnen und machen Sie Ihre eigenen Erfahrungen. Als relativ junge Kristallform sind diese Scherben gute Kandidaten für Experimente.

Kristallscherben erinnern uns daran, daß wir nicht in normalen, geplanten Mustern wachsen müssen, um Wert und Schönheit zu besitzen. Sie können uns auch zeigen, daß breit und flach nicht schlecht bedeutet. Fahren wir also fort, uns auszustrecken – vielleicht sind wir selbst überrascht, was daraus werden kann.

Kristallscherben sind gut für Legemuster geeignet. Auch in alternativen Heilungsprozeduren sind sie sehr hilfreich, besonders bei der Chakraarbeit. Sie sind gute Traumsteine und eignen sich ausgezeichnet zum Meditieren. Und wie Tonscherben können Kristallscherben auch zusammenpassen, um uns unsere eigentliche Form zu zeigen.

Kurzbeschreibung

Symbolisiert die Freiheit, so zu sein, wie man ist.
Ein guter Erste-Hilfe-Stein.
Ein guter Traumstein.
Wundervoll zum Meditieren.
Energetisiert und beruhigt gleichzeitig.
Gut für die Chakraarbeit.
Eine Aufforderung, sich immer weiter zu strecken.
Erinnert uns daran, daß das Abgeschnittensein von unserer ursprünglichen Quelle uns neue Wege für Wachstum und Kreativität eröffnet.

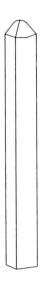

Laserkristall

Lange, dünne, stabförmige Kristalle werden Laserkristalle genannt. Sie können einen bis viele Zentimeter lang sein und entweder eine scharfe oder eine abgerundete Spitze haben. Laser sind keine Generator- oder Artemiskristalle, sie sind eine eigene, hochspezialisierte Form, die manchmal auch Merlinkristall genannt wird. Die wenigsten Laserkristalle sind völlig klar, meistens sehen sie irgendwie »gebraucht« aus.

Laserkristalle werden oft in alternativen Heilungsprozeduren benutzt, wenn der Energiefluß in einer sehr präzisen Weise in eine bestimmte Körperzone dirigiert werden soll. Von geübten Heilern können Laserkristalle wie Skalpelle verwendet werden. Natürlich gilt dies nur für die Arbeit mit Energiefrequenzen und führt nicht zur Beschädigung der Haut. Laserkristalle sind in ihrer Anwendung aber nicht auf alternative Heilungen beschränkt. Sie sind ausgezeichnete »Zauberstäbe« und hervorragende Kandidaten zur Programmierung und zur Ausrichtung unserer Energie auf ein Ziel. Richtig programmiert sind Laserkristalle erstklassige Schutzsteine. Wenn man keinen der schwer zu bekommenden Artemiskristalle findet, ist ein Laserkristall ein guter Ersatzstein. Aber vergessen Sie nicht, daß es unangenehm sein kann, auf den Punkt gebracht zu werden.

Kurzbeschreibung
Symbolisiert Konzentration und Ausrichtung auf ein Ziel.
Der Merlinkristall.
Ein Kraftstein.
Ein Schamanenstein.
Ein guter Erste-Hilfe-Stein.
Fokussiert und dirigiert Energie mit Präzision und Genauigkeit.
Hilft, unbegründete Ängste zu überwinden.
Erstklassiges Hilfsmittel für die telepathische Kommunikation.
Ein guter physischer und psychischer Schutzstein.
Gut zum Reenergetisieren.
Gut für die Kommunikation mit dem Höheren Selbst.
Führt zu mehr Selbstsicherheit.
Gut für Programmierungen.
Wird oft von alternativen Heilern verwendet.
Ein guter Zauberstab, um sich auf Gedanken und Wünsche zu konzentrieren.

Lebenswegkristall

Lebenswegkristalle sind lange, dünne Kristalle mit einer oder mehreren völlig glatten Seiten. Streichen Sie einmal über die Seiten eines Ihrer Kristalle. Wenn Sie dabei absolut keine Unebenheiten spüren, haben Sie das außergewöhnlich große Glück, Ihren Lebenswegkristall gefunden zu haben.

Lebenswegkristalle sind gute Hilfsmittel bei der Meditation oder bei spirituellen Übungen. Sie können uns helfen, unseren Weg zu finden und auf ihm zu bleiben. Die Konzentration auf diesen Kristall kann uns auch wieder auf den richtigen Weg zurückbringen. Er ist eine ständige Erinnerung daran, daß wir die Aufgabe haben, in diesem Leben bestimmte Dinge zu vollbringen. Eine mögliche Anwendung des Lebenswegkristalls könnte darin bestehen, jeden Morgen mit dem Kristall in der Hand die täglichen Affirmationen zu sprechen. Benutzen Sie dabei Worte oder Sätze, die für Sie persönlich besonders wichtig sind. Sie müssen überhaupt nicht hochgesteckt oder »spirituell« sein, sie müssen nur eine tiefe persönliche Bedeutung haben. Am Ende des Tages können Sie dann mit Ihrem Lebenswegkristall überprüfen, wie es sich angefühlt hat, die Vorsätze auszuführen.

Ein Lebenswegkristall kann uns helfen, mit dem Fluß des Lebens zu fließen, und ermutigt uns, uns unserem natürlichen inneren Rhythmus hinzugeben. Er kann helfen, eine bessere Verbindung zum Höheren oder inneren Selbst aufzubauen, um sicherzugehen, daß das, was wir tun, auch das ist, was wir ursprünglich tun wollten. Dieser Stein hält uns also sozusagen in Verbindung mit unserem »geistigen Plan« oder unserer »Blaupause«.

Lebenswegkristalle sind ausgezeichnete Erinnerungen an das, was in unserem Leben und für unser Wachstum wirklich wichtig ist. Sie helfen uns, alles, was überflüssig ist oder uns bremst, natürlich und mühelos abzuwerfen. Lebenswegkristalle sind bestens geeignet, um Antworten auf die Fragen »Wer bin ich?« oder »Warum bin ich hier?« zu finden (besonders wenn man sie mit einem Stück Sugilith kombiniert).

Kurzbeschreibung
Symbolisiert unseren Weg in diesem Leben.
Ein Schamanenstein.
Ausgezeichneter Traumstein.
Ein guter Erste-Hilfe-Stein.
Erinnert uns daran, mit der Strömung zu fließen.
Ein erstklassiger Schutzstein.
Verbindet uns mit unserem Höheren oder inneren Selbst.
Hervorragender Stein zum Meditieren.
Gibt uns den Mut, auf unserem wahren Weg zu bleiben.
Eines der besten Hilfsmittel für Affirmationen.
Ein guter Stein zum Wahrsagen.
Stellt intuitive Energie bereit.
Ausgezeichnetes Werkzeug, um Zugang zu Glaubenssätzen zu bekommen.
Erstklassiger Energieschild.
Bekämpft Depressionen.
Einer der besten Steine für spirituelle Balance.
Hervorragendes Hilfsmittel beim Channeln.
Gut für Unternehmungen aller Art.
Stimuliert Mitgefühl für alle Lebensformen.
Hilft beim Aufbau von spirituellem Vertrauen.
Hervorragendes Hilfsmittel für die telepathische Kommunikation.
Gut, wenn man wichtige Lebensentscheidungen treffen muß.
Ständige Erinnerung an das, was im Leben wirklich wichtig ist.
Hilft, die unwichtigen Dinge im Leben zu erkennen und sich davon zu lösen.

Einer der besten Steine, um mit geistigen Führern und
Lehrern zu kommunizieren.
Gut für die Bearbeitung von Lektionen über Verlust,
Kummer und Tod.
Hilft, Lektionen zu bearbeiten, die mit persönlicher
Macht zusammenhängen.
Verhilft uns zu Antworten auf die Fragen »Wer bin ich?«
und »Warum bin ich hier?«

Lehrerkristall

Wenn man in Quarzkristalle hineinsieht, kann man manchmal eine Figur erkennen, die wie ein Mensch, ein Tier oder auch eine mythische oder abstrakte Form aussieht. Solche Kristalle werden Lehrerkristalle genannt und können jede andere Kristallform haben. Oft haben Lehrerkristalle mehr als einen Lehrer in sich, und diese inneren Lehrer können sich mit der Zeit auch verwandeln. Sie sind ganz persönliche Eindrücke oder Symbole, die nur für die Person gedacht sind, die von ihnen angezogen wird. Es ist sehr unwahrscheinlich, daß ein Kristall, der für einen bestimmten Menschen ein Lehrer ist, für eine andere Person dieselbe Funktion hat.

Wenn Sie mit einem Lehrerkristall meditieren, bekommen Sie Zugang zu den Informationen, die der Lehrer vermittelt. Natürlich leben die Lehrer nicht in den Kristallen, aber um uns zu helfen, projizieren sie einen Teil ihrer Energie dort hinein. Dabei wählen sie die Symbole und Formen, von denen sie wissen, daß wir darauf am besten reagieren. Wenn wir es schaffen, unseren rastlosen Verstand eine Weile ruhigzustellen und ganz still, ohne vorgefaßte Ideen oder Erwartungen, zuzuhören, wird uns der Lehrerkristall helfen, genau das zu finden, was wir zu diesem Zeitpunkt wissen sollen. Zum Beispiel, in welche Richtung wir im Moment gehen oder an was wir auf der inneren Ebene arbeiten sollen.

Denken Sie aber daran, daß die Lehrer in Ihrem Kristall symbolisch sind, und daß sie interpretiert werden wollen wie jedes andere persönliche Symbol auch. Die Konzentration auf die Formen in einem Lehrerkristall kann uns außerdem helfen, kreativer zu werden und besser mit unseren eigenen Symbolen und ihren Bedeutungen in Kontakt zu kommen.

Kurzbeschreibung

Symbolisiert den inneren Lehrer.

Ein Schamanenstein.

Ausgezeichneter Traumstein.

Guter Erste-Hilfe-Stein.

Stimuliert mediales Gewahrsein und Entwicklung.

Aktiviert Träume und Visionen, die wichtige Botschaften enthalten.

Ausgezeichneter Meditationsstein.

Verstärkt die Selbsterkenntnis.

Hilft, persönliche Symbole zu erkennen und zu interpretieren.

Ein guter Zuhörer.

Gut während einer Visionssuche.

Guter Stein zum Wahrsagen.

Exzellenter Schutzstein.

Beruhigt.

Stimuliert und verstärkt Kreativität.

Erleichtert die Kommunikation mit geistigen Führern und Lehrern.

Unterstützt bei der Bearbeitung von Glaubenssätzen.

Hilft, Geduld und Vertrauen zu lernen.

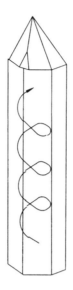

Linksquarz

Ein Quarzkristall mit einer zusätzlichen Facette an der linken Seite der größten Endfläche wird Linksquarz genannt. Dies bedeutet, daß die innere, mit bloßem Auge nicht sichtbare, Kristallschraubenachse sich nach links dreht. Warum dies so ist, darüber sind sich selbst die Experten nicht einig. Dieser Kristall ist das Gegenstück zum Rechtsquarz, Generator-, Generator-Empfänger- oder Laserkristall.

Linksquarze können am besten Energie aufnehmen, wenn man sie in der linken Hand hält oder auf die linke Körperseite legt, vor allem wenn sie gleichzeitig noch Empfängerkristalle sind. Sie haben außerdem die Fähigkeit, unerwünschte und unproduktive Energien zu entfernen. Diese Kristalle helfen uns, die rechte Gehirnhälfte zu aktivieren und ihre Funktionen mit denen der linken Hemisphäre zu verbinden.

Linksquarze sind empfehlenswert für jeden Menschen, der seine intuitiven Fähigkeiten und seine Achtsamkeit verstärken möchte und Zugang zu spirituellen Erkenntnissen und anderen Funktionen der rechten Gehirnhälfte sucht. Darüber hinaus harmonisieren diese Steine überschüssige Yang-Energie.

Links ist das uralte Symbol für die äußere, passive, hereintretende Energie der Seele. Manche Menschen sehen links auch als die Vergangenheit und rechts als die Gegenwart oder Zukunft an.

Kurzbeschreibung

Symbolisiert die hereintretende Energie der Seele.
Repräsentiert alle Funktionen der rechten Gehirnhälfte.
Symbolisiert Yin-Energie.
Ausgezeichneter Traumstein.
Stimuliert und verstärkt unsere natürliche Kreativität.
Hilft, die Funktionen der rechten Gehirnhälfte zu aktivieren und zu integrieren.
Ermutigt zu Geduld, Toleranz und Mitgefühl.
Ein gutes Hilfsmittel für die telepathische Kommunikation.
Hilft, überschüssige Yang-Energien zu harmonisieren und auszubalancieren.
Ein gutes Gegengewicht für einen Rechtsquarz, Generator-, Generator-Empfänger- oder Laserkristall.
Kann benutzt werden, um die Aktivität der rechten Gehirnhälfte anzuregen oder zu dämpfen.

Matrixkristall

Ein Matrixkristall trägt auf seiner Oberfläche oder tief in
seinem Inneren verschiedene geometrische Muster. Jede
Quarzart oder -form kann ein Matrixkristall sein, und dennoch sind diese Steine äußerst selten.

Matrixkristalle sind die Meister des Programmierens,
die Steine, die benutzt wurden, um die ursprünglichen Hüter der Chroniken zu programmieren. Man benutzt einen
Matrixkristall in derselben Art und Weise wie ein Compu-
terverzeichnis. Dies ist jedoch Stoff für Fortgeschrittene
und wirklich nicht empfehlenswert für Menschen, die keine Geduld haben, sich erst das nötige Wissen und die Erfahrung anzueignen. Denn genau wie bei einem kompli-
zierten Computerprogramm führt falsche Benutzung zum
Verlust von wichtigen Daten und ziemlichen Kopfschmerzen.

Man sollte sich bewußt sein, daß man das Originalprogramm eines Matrixkristalls nicht verändern kann. Man kann es aber erweitern und Unterverzeichnisse erstellen, die dann mit dem Hauptprogramm laufen. Diese Unterverzeichnisse können benutzt werden, um Informationen, die bereits in einem Chronikhüter vorhanden sind, auszuweiten und die Speicherkapazität für neue Informationen zu erhöhen. Matrixkristalle können auch benutzt werden, um einen neuen Hüter der Chroniken zu erschaffen.

Matrixkristalle sind auf den ersten Blick oft nicht zu erkennen. Sehr häufig sind sie nicht besonders hübsch, sondern eher genau das Gegenteil. Es ist mit ihnen wie oft mit tiefem Wissen: Das Geheimnis schützt sich selbst und ist weder leicht zu finden noch zu entziffern.

Behandeln Sie diesen Kristall also mit dem allergrößten Respekt. Der Versuch, ihn zu mißbrauchen, würde eine Kette von Ereignissen hervorrufen, die Sie sich lieber nicht wünschen sollten, nicht in diesem und auch in keinem anderen Leben.

Kurzbeschreibung
Symbolisiert die Gesamtheit aller der Menschheit zum gegenwärtigen Zeitpunkt zur Verfügung stehenden Informationen.
Der Programmiermeister aller Chronikhüterkristalle.
Ein ausgezeichneter Traumstein.
Überragender Stein zum Channeln.
Hilft beim Zugang zu unseren Glaubenssätzen.
Gute Informationsquelle, wenn man wichtige Entscheidungen treffen muß.
Macht es möglich, einen Hüter der Chroniken zu erschaffen.
Aufbewahrungsort für esoterisches Wissen.
Ein gutes Hilfsmittel für die Kommunikation mit geistigen Führern, Lehrern und dem Höheren Selbst.

Ein gutes Hilfsmittel, um die Information anderer Kristalle, insbesondere der Chronikhüter, auszuweiten. Ausgezeichnet für die Bearbeitung von Ängsten vor dem Tod und unserer Vorstellung, was nach dem physischen Tod geschieht.

Meisterchannelingkristall

Jeder Quarzkristall mit sieben Endflächen statt der üblichen fünf oder sechs ist ein Meisterchannelingkristall. Da Quarzkristalle immer sechs Endflächen bilden wollen, ist diese siebenflächige Form relativ selten. Beachten Sie, daß es sieben *Endflächen* sein müssen, nicht sieben Linien, die eine Endfläche umgeben. Ein Meisterchannelingkristall ist also etwas anderes als ein Channelingkristall (dieser hat eine siebenseitige Endfläche und eine dreiseitige direkt gegenüber).

Die sieben Endflächen eines Meisterchannelingkristalls symbolisieren den Schüler der Mysterien, den spirituellen Sucher, den, der nach innen geht, um wahre Weisheit zu finden. Kurz gesagt ist ein Meisterchannelingkristall ein Kristall, der uns hilft, Informationen von unseren spirituellen Meistern zu empfangen (zu channeln). Die einzigen gleichwertigen Steine für diese Aufgabe sind Kyanit und Selenit.

Oft sind Meisterchannelingkristalle Amethysten, was sie zu außergewöhnlich guten Hilfsmitteln für den Kontakt mit höheren und schnellschwingenden Energien macht.

Kurzbeschreibung

Symbolisiert den wahren spirituellen Sucher, den, der nach innen geht, um Weisheit zu finden.
Repräsentiert alle Bedeutungen der Zahl Sieben.
Ein Erste-Hilfe-Stein.
Außergewöhnlich guter Traumstein.
Eines der besten Hilfsmittel bei der Meditation.
Symbolisiert die sieben Schritte, die nötig sind, um die sieben spirituellen Ebenen zu erreichen.
Verhilft direkt zum Empfang von Informationen von unseren spirituellen Meistern.
Erinnert uns daran, daß das Unmögliche immer noch möglich ist.

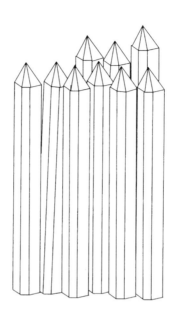

Musenkristall

Eine Kristallgruppe aus neun gleichgroßen Kristallen symbolisiert die Musen, die neun griechischen Göttinnen, die
die Aufsicht über die Künste haben. Es müssen genau neun
Kristalle sein, nicht mehr und nicht weniger. Auch das
Herausbrechen von neun Kristallen aus einer größeren
Gruppe nützt nichts, es muß eine natürlich gewachsene
Formation sein. Musenkristalle sind deshalb sehr selten,
und es macht Spaß, sie zu suchen. Natürlich sind Musenkristalle auch dreifache Quantenkristalle (siehe dort).

Musenkristalle verstärken alle Formen des kreativen
Ausdrucks. Sie stimulieren die Liebe für natürliche Schönheit in all ihren Formen: Musik, Kunst, Poesie, Literatur,
Tanz und noch vieles mehr. Kunst kann in diesem Sinne
auch der Aufbau eines eigenen Gewerbes sein, die Schaf-

fung einer schönen Umgebung, Kochen, der Aufbau fester Freundschaften, die Erziehung gesunder und glücklicher Kinder und so gut wie alles andere, was Menschen so tun können. Dies sind ausgezeichnete Steine für sehr kreative Menschen, aber auch für solche, die ihre natürlich vorhandene Kreativität erst noch erwecken wollen.

Musenkristalle erinnern uns daran, in allem die Schönheit zu sehen – in den Taten der Menschen, in Naturkatastrophen und in vielen Dingen, die wir am liebsten vermeiden wollen. Musenkristalle sind erstklassige Traumsteine, die Informationen über kreative Prozesse an die Oberfläche holen. Sie eignen sich exzellent zum Wahrsagen, weil sie eine direkte Verbindung zu den Musen herstellen. Ein Musenkristall kann uns außerdem helfen, wieder mit der Kreativität unseres spirituellen Weges in Kontakt zu kommen.

Die neun Musen sind: Thalia (Schauspiel), Clio (Geschichte), Calliope (epische Dichtung), Terpsichore (Tanz), Melpomene (Tragödie), Erato (erotische Poesie), Euterpe (Lyrik), Polyhymnia (Hymnen-Poesie) und Urania (Astronomie). Alte Legenden besagen, daß es die Musen waren, die die siebenstufige Tonleiter einführten, die sie auf den sieben himmlischen Sphären aufbauten. Ursprünglich waren die neun Musen die dreifachen Muse, die direkt mit der Mondgöttin verbunden war. Um ca. 2500 v. Chr. wurde aus der dreifachen Muse dann die neunfaltige Göttin, die dreifache Trinität von Schöpfer, Bewahrer und Zerstörer.

Kurzbeschreibung
Symbolisiert die neun Musen, die Gesamtheit der antiken Künste.
Repräsentiert die Trinität von Schöpfer, Bewahrer und Zerstörer.
Weckt Inspiration, Vorstellungskraft und außergewöhnlich hohe Ebenen der Kreativität.

Erstklassiger Traumstein.
Hervorragendes Werkzeug zum Channeln.
Sehr guter Verstärker natürlich vorhandener kreativer
Energien.
Ein dreifacher Quantenkristall.
Hilft, auf allen Ebenen des Lebens die kunstvollen und
kreativen Aspekte zu sehen.
Äußerst empfehlenswert für jeden, der in irgendeiner
Form mit Kunst zu tun hat.
Weckt Freude an der Natur und an wahrer Schönheit.
Ein wundervoller Stein für Schriftsteller, Musiker, Künst-
ler, Schauspieler, Bildhauer, Erfinder, Dichter, Tänzer
und andere kreative Menschen.
Symbolisiert Gefühle, natürliche Intuition und alle men-
talen Fähigkeiten, die im Höheren Selbst vorhanden sind.

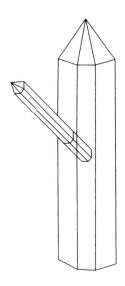

Mutter-Kind-Kristall

Wenn ein oder mehrere Kristalle zum Teil in einen anderen Kristall eingebettet sind, nennt man dies einen Mutter-Kind-Kristall. Dieser Kristall ähnelt einer Mutter, die ein Kind gebärt oder hält. Ein Mutter-Kind-Kristall kann auch aus zwei Elternteilen bestehen, die einen kleinen Kristall halten. Ein Unterschied besteht allerdings zum Schöpfer – und auch zum Phantomkristall (siehe dort).

Der Mutter-Kind-Kristall zeigt uns, wie sehr Mutter und Kind aufeinander angewiesen sind. Wenn der große Elternkristall den kleinen nicht halten würde, hätte er ein Loch, während der kleine Stein ohne Unterstützung und Schutz dastände. Dieser Kristall ist ein wundervoller Freund, wenn wir unsicher und aus dem Gleichgewicht geraten sind. Er ist ausgezeichnet für jeden, der gehalten und umsorgt werden möchte – körperlich, emotional,

psychologisch oder spirituell. Ein Mutter-Kind-Kristall ist
ein guter Schutzstein für das innere Kind in jedem von uns.
Er erinnert uns daran, mit unseren kindlichen Aspekten in
Kontakt zu bleiben, mit Vertrauen und dem Spaß an einfachen Dingen. Ein Mutter-Kind-Kristall hilft uns, die Bedürfnisse des kleinen Kindes, das wir immer in uns tragen,
zu beachten. Es ist völlig in Ordnung, »spirituell« zu sein
und dennoch Spaß zu haben. Dieser Kristall erinnert uns
daran, daß Spaß für unser Wachstum und unsere Entwicklung genauso wichtig ist wie Arbeit.

Ein Mutter-Kind-Kristall kann uns wieder mit dem eigenen »roten Faden« in Kontakt bringen und uns daran
erinnern, weshalb wir hier sind. Er ist außerdem ein gutes
Hilfsmittel, um Kindheitserfahrungen oder vergrabene Erinnerungen zu bearbeiten (besonders in Kombination mit
einem Elestial). Und er ist hervorragend für jede Art von
Arbeit mit dem inneren Kind geeignet.

Kurzbeschreibung
Symbolisiert die tiefe Verbindung zwischen Eltern und
Kind.
Steht für das innere Kind in jedem von uns.
Einer der besten Erste-Hilfe-Steine.
Ein guter Traumstein.
Hervorragend für jede Art von Arbeit mit dem inneren
Kind.
Ausgezeichneter emotionaler und physischer Schutzstein.
Eine gute Erinnerung daran, daß wir alle ständig unsere
Kindheit mit uns herumtragen.
Hilft, inneren Streß loszulassen.
Großartiges Hilfsmittel, um Traurigkeit und Depressio-
nen loszulassen.
Erinnert uns daran, daß wir niemals völlig allein sind.
Unterstützt bei Problemen mit der eigenen Elternschaft.
Fördert Selbstliebe und Selbstakzeptanz.

Ein guter Stein zum Meditieren.
Hilft, emotionale Zusammenbrüche zu vermeiden.
Großartiges Hilfsmittel, um kindliches Vertrauen in das
Leben wiederzuerlangen.
Erinnert uns daran, andere zu unterstützen.
Eine exzellente Unterstützung, wenn man Räume betritt,
die alte Ängste hervorrufen.
Erinnert uns daran, kindlich, aber nicht kindisch zu sein.
Empfehlenswert für jeden, der mit einer Sucht kämpft.
Hilft bei emotionalen Traumata, die ihren Ursprung in
der Kindheit haben.
Erinnert uns daran, daß Spielen und Spaßhaben für das
spirituelle Wachstum genauso wichtig ist wie Arbeit.

Mythischer Kristall

Ein doppelendiger Bergkristall mit sehr vielen Einschlüssen von Luft, Gas oder Wasser wird mythischer Kristall oder auch Milchquarz genannt. Manchmal können diese Kristalle sogar klare Stellen haben, aber im großen und ganzen sind sie undurchsichtig, als herrsche in ihrem Inneren ein Schneegestöber.

Die zwei Enden dieses Kristalls erlauben es uns, in der Erdgeschichte vor und zurück zu reisen und Zugang zu den großen Mythen der Menschheit zu bekommen. So können wir dann beginnen, deren Botschaften für uns selbst zu erforschen. Ein mythischer Kristall kann daher auch benutzt werden, um die Ursprünge unserer persönlichen Glaubenssätze aufzuspüren. Er hilft, alte Vorstellungsmuster aufzulösen, die uns noch zurückhalten oder im Wachstum behindern. Ein mythischer Kristall ist ein Instrument, das uns helfen kann, unseren eigenen Mythos zu erschaffen und das zu kreieren, was wir genau jetzt leben wollen. Dies macht ihn zu einem ausgezeichneten Stein für Affirmationen und Visualisierungen.

Mythische Kristalle sind gute Steine für spirituelles Gleichgewicht und ausgezeichnete Unterstützer bei der Meditation. Sie assistieren uns bei der Erweiterung des Bewußtseins, wenn der Sinn des Lebens plötzlich deutlich wird. Mythen bergen die großen spirituellen Wahrheiten der Menschheit in sich. Manche Menschen glauben, daß sie ein notwendiger Schritt in der Entwicklung und der Evolution des menschlichen Bewußtseins sind.

Schneegetrübte Bergkristalle sind Beobachter und können uns deshalb mit unseren eigenen Wahrnehmungs- und Beobachtungsfähigkeiten verbinden. Sie ermöglichen es uns, die Welt wieder mit Bewunderung, Begeisterung und kindlicher Unschuld zu sehen.

Kurzbeschreibung

Symbolisiert den Mythos, die innere Bedeutung des Lebens.

Ausgezeichneter Traumstein.

Stimuliert Kreativität.

Hilft uns, unsere eigene mythische Heldenreise zu erschaffen.

Ein großartiges Hilfsmittel für Affirmationen.

Erzeugt mediale Energie.

Ein gutes Hilfsmittel beim Channeln.

Verbessert die Kommunikation mit dem Höheren oder inneren Selbst.

Hilft uns, die Ursprünge unserer persönlichen Mythen, unserer Glaubenssätze, aufzuspüren.

Ermöglicht uns Vorwärts- und Rückwärtsbewegungen in der Geschichte der Erde, um ihre Mythen zu erforschen.

Bringt uns mit kindlicher Unschuld, Verwunderung und Begeisterung in Verbindung.

Ermöglicht die Beobachtung und Klärung unserer Wahrnehmung.

Symbolisiert die Rückkehr zur Betrachtung des Lebens mit den Augen eines Kindes.

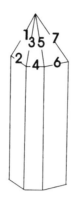

Numerologischer Kristall

Jeder Kristall mit klar begrenzten Endflächen ist ein numerologischer Kristall. Zählen Sie die Begrenzungslinien aller Endflächen und reduzieren Sie die erhaltene Summe auf eine einstellige Zahl, genauso, wie man es bei numerologischen Berechnungen macht. Durch diese Meisterzahl werden Sie besseren Zugang zu der Kraft Ihres Kristalls bekommen, was Ihnen weitere Möglichkeiten eröffnet, seine Eigenschaften voll auszuschöpfen.

Der oben abgebildete Kristall hat zum Beispiel sieben Begrenzungslinien. Da in einer Zeichnung natürlich nur eine zweidimensionale Darstellung möglich ist, nehmen wir an, daß er auf der nicht sichtbaren Seite noch sieben weitere hat. So erhalten wir die Zahl 14. Wenn wir dann 1 und 4 addieren, gelangen wir zu 5. Der obige Kristall hat also die Meisterzahl 5, die unter anderem die menschliche Seele, sinnliche Freiheit, schnellen Wandel und Abenteuerlust symbolisiert – wirklich keine schlechte Kombination.

Diese Zählmethode kann bei jedem natürlich geformten Kristall angewendet werden, auch bei Kristallgruppen. Bei ihnen kann man entweder jeden Kristall einzeln betrachten oder die Zahl für die gesamte Gruppe berechnen.

Kurzbeschreibung
Verstärkt die Qualität der jeweiligen Meisterzahl, die sich aus den Endflächen ergibt.
Konzentrationspunkt für die Eigenschaften seiner Meisterzahl.

Osiriskristall

Ein Osiriskristall ist ein dunkler Rauchquarz in Generatorform. Es muß allerdings ein natürlicher Rauchquarz sein, kein durch mechanische Prozesse oder Bestrahlung künstlich geschaffener. Ein wahrer Osiriskristall ist so dunkel, daß man nicht durch ihn hindurchsehen kann. Aber man kann tief in ihn hineinsehen! Ein Osiriskristall unterstützt und beschützt alles höhere Streben und ist eine direkte Verbindung zum Höheren Selbst.

Osiris symbolisiert das Höhere Selbst und den Logos. Er war im alten Ägypten der »Herr über alle Dinge«, der am fünften Schöpfungstag direkt aus dem Wort Gottes (dem Logos) geboren wurde und die göttliche Liebe repräsentiert. Osiris ist die kreative Energie des Logos, der Beginn der Dualität von Geist und Materie. Oft wird er als Sohn von Raum und Zeit (Seb und Mut), als Erstgeborener der fünf Götter (der fünf Existenzebenen) bezeichnet. Für die alten Ägypter war Osiris mit dem Sternensystem Orion verbunden, während Isis mit Sirius assoziiert wurde.

Da der Osiriskristall ein Rauchquarz ist, stimuliert er ein Verlangen nach Erfolg auf der materiellen Ebene sowie alle verlorengegangenen oder fehlgeleiteten Überlebensinstinkte. Ein Osiriskristall erinnert uns daran, daß wir hier auf der Erde lernen sollen, effektiv und kraftvoll in der physischen Dimension zu existieren, ein wichtiger Schritt in unserem gesamten Prüfungsplan. Rauchquarz hat die Fähigkeit, Licht in der für eine dunkle Farbe höchstmöglichen Menge zu halten. So ist ein Osiriskristall also zeitloses Licht und ein außergewöhnlich guter energetischer Reiniger.

Der Osiriskristall ist direkt mit dem ersten Chakra und seiner gesamten Symbolik verbunden. Er hat die Kraft, das in das siebte Chakra einströmende Licht in einer sanften Spirale direkt nach unten in das Wurzelchakra zu leiten. Dieser Kristall ist ein meisterlicher Helfer beim Ansehen und Bearbeiten von Ängsten, die mit dem Loslassen von etwas zusammenhängen, an das wir uns zu lange und zu fest geklammert haben.

Selbstverständlich ist ein Osiriskristall der beste Partner für einen Isiskristall. Gemeinsam symbolisieren sie die Verbindung der Qualitäten von Yin und Yang, die himmlische Hochzeit.

Kurzbeschreibung

Symbolisiert das Höhere Selbst, das sich in die Materie begeben hat.

Steht für die kreative Energie des Logos.

Einer der mächtigsten Kraftsteine.

Ein Schamanenstein.

Erstklassiger Traumstein.

Ein Erste-Hilfe-Stein.

Erinnert uns daran, daß wir hier sind, um die physische Ebene zu meistern.

Stimuliert ein starkes Verlangen nach Erfolg.

Sehr stark mit dem ersten Chakra verbunden.

Ausgezeichneter Lichtkanal vom siebten zum ersten Chakra.

Erweckt den eventuell verlorengegangen Wunsch nach Überleben in der physischen Welt.

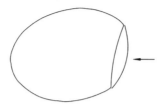

Panoramakristall

Panaromakristalle sind rundliche, eiförmige Bergkristallstücke, die in brasilianischen Flüssen gefunden werden. Diese Kristalle werden aus den Bergen ausgewaschen und im tosenden Wasser des Flusses immer wieder herumgewirbelt, was ihnen die charakteristische, wie mit Reif überzogene Oberfläche gibt. Später wird dann ein Ende des Kristall abgeschnitten und poliert, um einen tiefen Blick ins Innere zu ermöglichen, wie durch ein Panoramafenster.

Bei richtiger Benutzung sind Panoramakristalle sehr kraftvolle Meditationssteine und gute Helfer bei der eigenen Visionssuche. Sie nehmen uns mit sich, tief in die Energiewelt der Kristalle hinein. Panoramakristalle sind außergewöhnlich gute Helfer für jeden, der versuchen will, sich einer umfassenderen, klareren Sicht zu öffnen, sowohl nach innen als auch nach außen.

Kurzbeschreibung
Symbolisiert den Prozeß des Nach-Innen-Gehens, um sich mit Gott zu verbinden.
Repräsentiert Frieden und Harmonie.
Ein Schamanenstein.
Ein guter Traumstein.
Ausgezeichnetes Hilfsmittel bei der Meditation.
Ein guter Stein für die Bearbeitung von Ängsten aller Art.

Gut für Visualisierungen und das Erfahren von Kristall-
energien.
Hilft, mit Lektionen über Verlust, Kummer und Tod umzugehen.
Gut für den Kontakt mit geistigen Lehrern.

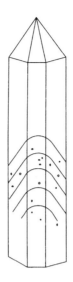

Phantomkristall

Ein Kristall, der einen anderen, kleineren Kristall überwachsen hat, wird Phantomkristall genannt. Wenn man in
ihn hineinblickt, sieht man einen oder mehrere Kristalle
übereinander. Wächst dagegen ein vollständig ausgeformter Kristall aus einem anderen heraus, ist das kein Phan-
tom-, sondern ein Mutter-Kind-Kristall. Auch ein vollständig ausgeformter Kristall innerhalb eines größeren ist
kein Phantom-, sondern ein Schöpferkristall.

Phantomkristalle gibt es in allen Formen und Farben.
Das innere Phantom kann manchmal auch der Einschluß
eines anderen Minerals sein (z.B. gibt es Clorit- und Side-
ritphantome). So ein Stein hat dann alle Eigenschaften des
inneren Minerals und der äußeren Hülle. Die Phantome
innerhalb der Kristalle sehen meist unwirklich und schat-
tenhaft aus. Manchmal sind sie nur sehr schwer zu erken-

nen und haben keine klar definierten Grenzen. Immer aber haben sie dieselbe äußere Form wie der große Kristall.

Folgendes ist mit einem Phantom passiert: Vor vielen Millionen Jahren wuchs der Kristall zu einer gewissen Größe heran, bis seine Nährstoffquelle versiegte. Später kam dann wieder neue Nährstofflösung hinzu, und er setzte sein Wachstum fort, wobei er bei seinem ursprünglichen Wachstumsplan blieb und keine neuen Formen oder Richtungen annahm. Mit anderen Worten, dieser Kristall wuchs durch neu hinzukommende Nährstoffe, die ihm die Möglichkeit für weitere Ausdehnung gaben, über seinen Ursprungsplan hinaus. Ein Phantomkristall kann uns deshalb daran erinnern, daß auch wir weit über unsere Erwartungen hinauswachsen können. Wir müssen nur geduldig und vertrauensvoll warten, bis die zusätzlichen Nährstoffe bereitstehen, zu genau dem Zeitpunkt, an dem wir sie brauchen, und in einer Menge, die wir aufnehmen können.

Phantomkristalle können benutzt werden, um in der Meditation oder im Schlaf durch viele Schichten hindurch unsere Essenz zu ergründen. Sie können uns auch wie Mutter-Kind-Kristalle daran erinnern, daß das innere Kind immer sicher und beschützt ist. Der äußere Kristall umhüllt und beschützt das Phantom genauso wie das Höhere Selbst uns. Ein Phantomkristall ist außerdem eine gute Erinnerung daran, daß alles im Leben mit einem unwirklichen Gedanken anfängt, bevor es Realität wird.

Kurzbeschreibung
Symbolisiert das Höhere Selbst, welches das persönliche Selbst beschützt.
Erinnert uns an die vielen spirituellen Ebenen der Existenz.
Ein Erste-Hilfe-Stein.
Ein guter Traumstein.
Ein Schamanenstein.

Mindert Kummer und Verlustgefühle.
Hervorragendes Hilfsmittel in der Meditation.
Ausgezeichnet in Zeiten der Veränderung und des Wandels.
Ermöglicht den Zugang zu Erfahrungen und Erinnerungen aus früheren oder parallelen Leben.
Stimuliert mediale Gewahrsamkeit.
Löst inneren Streß auf.
Ein ausgezeichneter Gefährte bei emotionalen Traumata.
Erstklassiger Schutzstein.
Stimuliert Kreativität und Wachstum.
Fördert mutiges Denken und Handeln.
Ein Stein, der nährt.
Hilft bei allen Lektionen, die mit Mitgefühl zu tun haben.
Gut für die Bearbeitung von Süchten.
Hilft uns zu akzeptieren, daß wir in der physischen Welt leben.
Ein gutes Hilfsmittel, um Ängste vor der eigenen Kraft zu bearbeiten.
Mindert Depressionen und Melancholie.
Stimuliert ein starkes Bedürfnis, unsere wahre Herkunft zu ergründen.
Eine gute Erinnerung daran, daß wir auf vielen Ebenen und in vielen Formen existieren.
Hilft bei der Kommunikation mit geistigen Lehren und Führern.
Erinnert uns daran, mit dem Höheren Selbst in Verbindung zu bleiben.
Gutes Hilfsmittel für die Arbeit mit Glaubenssätzen.
Ermuntert uns, über alle selbstauferlegten Beschränkungen hinauszuwachsen.
Erinnert uns daran, daß auch scheinbar substanzlose Träume Realität werden können.

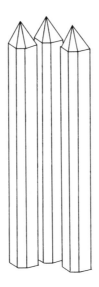

Quantenkristall

Drei gleichgroße, natürlich miteinander verbundene Kristalle bilden einen Quantenkristall. Wenn die Einzelkristalle außerdem Doppelender sind, ist die Kraft eines solchen Zusammenschlusses um ein Vielfaches verstärkt.

Quantenkristalle haben die Kraft, das zu beeinflussen, was die Quantenphysik »Wahrscheinlichkeit« nennt. Kurz bevor ein Wahrscheinlichkeitsfeld zusammenbricht und ein anderes entsteht, gibt es einen kurzen Zeitabschnitt, in dem unsere Gedanken und Gefühle das Ergebnis der Situation beeinflussen können. Mit anderen Worten, ein Quantenkristall kann vorzüglich dabei helfen, das statistisch wahrscheinliche Ergebnis jeder Situation zu verändern.

Quantenkristalle repräsentieren die Zahl Drei. Drei symbolisiert unter anderem Mystik, spirituelle Synthese, das Ergebnis der harmonischen Einwirkungen der Einheit (die Eins) auf die Dualität (die Zwei), den Effekt des Zusammenwirkens spiritueller Kräfte, natürliches Wachstum, kreative Kraft und Energie, das Ende eines Konfliktes und das Erlernen des Vorwärtsschreitens innerhalb der Dualität. Drei ist eine der Zahlen der menschlichen Seele und wurde schon immer als himmlische Zahl angesehen.

Quantenkristalle sollte man nur mit großer Vorsicht anwenden. Noch mehr als sonst sollten wir in der Arbeit mit ihnen immer wissen, was gerade an unbewußten Themen ansteht. Denn was immer wir bewußt oder unbewußt aussenden, wird von diesen Kristallen zwanzigfach verstärkt. Da ihre Energien den Gefühlen folgen, und besonders den Gefühlen aus dem tiefsten Unterbewußtsein, sollten wir unsere Wunschliste immer sehr genau überprüfen. Sagen Sie genau das, was Sie meinen, denn Sie können sicher sein, daß Sie haargenau das bekommen werden – nicht mehr und nicht weniger.

Kurzbeschreibung
Symbolisiert den Prozeß des Erreichens von Vollkommenheit in der Materie.
Repräsentiert ein Zusammenwirken von Kräften oder Energien.
Einer der mächtigsten Kraftsteine.
Ein Schamanenstein.
Ausgezeichneter Traumstein.
Ein guter Erste-Hilfe-Stein.
Hervorragend für Affirmationen und Gebete.
Kann auf der Quantenebene Einfluß auf Wahrscheinlichkeitsfelder nehmen.
Gutes Hilfsmittel beim Channeln.
Hervorragender Energieverstärker.
Gut für Unternehmer.
Erweckt und kräftigt mediale Energie.

Hilft, Depressionen aufzulösen.
Verschafft Zugang zu den eigenen Glaubenssätzen.
Ein gutes Hilfsmittel für die telepathische Kommunikation.
Ausgezeichneter Energieschild.
Gut, wenn man für Veränderungen bereit ist.
Verhilft zu direkterer Kommunikation mit dem Höheren Selbst.
Enthält die gesamte Symbolik der Zahl Drei, um ein Vielfaches verstärkt.

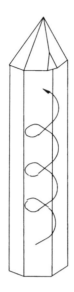

Rechtsquarz

Ein Quarzkristall, der rechts von seiner größten Endfläche
eine kleine weitere Facette besitzt, ist ein Rechtsquarz.
Dies bedeutet, daß die Energieschraubenachse des Kristalls sich natürlicherweise nach rechts dreht.

Rechtsquarze aktivieren die logische, intellektuelle, verbale, linke Seite des Gehirns. Sie sind ausgezeichnete Unterstützer, wenn analytische und intellektuelle Fähigkeiten
erforderlich sind. Auch bei der Bearbeitung von Ego-Problemen können sie sehr hilfreich sein. Außerdem ermun-
tern Rechtsquarze zum Lernen. Sie sind bestens für Schüler und Studenten geeignet.

Rechts repräsentiert generell das Yang-Prinzip, Groß-
zügigkeit, Macht, Kreativität, Anmaßung und Aggression,
physische Verantwortung und die Fähigkeit, Symbole in-
tellektuell zu verstehen. Für all dies sind Rechtsquarze sehr

hilfreich. Sie sind außerdem sehr gut, um überschüssige Yin-Energien auszubalancieren.

Rechts- und Linksquarze balancieren sich gegenseitig aus und sind die perfekten Partner füreinander.

Kurzbeschreibung
Symbolisiert alle Aktivitäten der linken Gehirnhälfte.
Repräsentiert Yang-Energie.
Guter Partner für einen Linksquarz.
Hilft bei der Bearbeitung von Ego-Problemen.
Hilft beim Prozeß der Entscheidungsfindung.
Verstärkt die verbale Ausdrucksfähigkeit.
Aktiviert die Aktionszentren im Gehirn.
Gut für jeden Schüler.
Stimuliert den Intellekt.
Erzeugt mediale Energie.
Balanciert überschüssige Yin-Energien aus.
Ein gutes Hilfsmittel für die telepathische Kommunikation.
Verstärkt die Konzentrationsfähigkeit.
Ein gutes Hilfsmittel beim Channeln.
Balanciert zusammen mit einem Linksquarz die beiden Gehirnhälften aus.
Gut zur Wiedererlangung mentaler Ausgeglichenheit.
Verbindet uns mit der linken Gehirnhälfte.
Trägt die gesamte Symbolik von »rechts«.
Kann die Energien der linken Gehirnhälfte beschleunigen oder verlangsamen.

Regenbogenkristall

Regenbogenkristalle sind alle die Kristalle, bei denen ein Regenbogen aufleuchtet, wenn man sie im Licht dreht. Diese Lichtreflektion entsteht oft durch einem Bruch im Inneren des Kristalls, der während des Wachstums Wasser oder andere Mineralien eindringen ließ. Wenn Licht auf diese Einschlüsse trifft, wird es reflektiert, und da es von zwei Seiten unterschiedlich zurückgeworfen wird, sind wir in der glücklichen Lage, den Regenbogeneffekt zu sehen. Interessanterweise ist wirklich guter Regenbogenquarz noch seltener als Diamant.

Regenbogenkristalle erinnern uns daran, in jedem Moment die uns umgebende natürliche Schönheit wahrzunehmen. Sobald wir in Einklang mit der Natur sind, wird unser Leben automatisch ruhiger, lohnender und ausgeglichener. Regenbogenkristalle erinnern uns daran, daß das Leben Spaß bringen soll und wir die Dinge nicht immer so ernst nehmen müssen. Und sie zeigen uns, daß eine leichte Differenz zur Umgebung nicht schlecht sein muß. Ohne sie würden wir vielleicht unsere eigenen Regenbogen verpassen.

Regenbogenkristalle fördern Glück, Optimismus, Frieden, Hoffnung, Mut, Kreativität und Ehrfurcht für alles Lebendige. Diese Kristalle sind gut für jeden, der dazu neigt, sich zu sehr in sich selbst zu versenken. Nur Licht kann einen Regenbogen erzeugen, und Licht kann unmöglich in etwas eindringen, das fest verschlossen ist. Wie sehr man sich auch bemühen mag, ein Regenbogen kann niemals im Dunkeln entstehen. Regenbogenkristalle sind Meister im Bekämpfen von Depressionen. Sie können schüchterne Menschen ermutigen, aus sich heraus und mit der Welt in Kontakt zu treten. Sie sind große emotionale Heiler, was sie zu den besten Erste-Hilfe-Steinen macht. Regenbogenkristalle erinnern uns daran, daß wir schon viele Stürme erlebt und die Kraft haben, alles zu überwinden, was uns im Leben widerfährt. Sie erinnern uns daran, daß wir bereits Überlebende sind. Die Regenbogen zeigen uns, daß es oft die harte Behandlung des Lebens ist, die einen Riß in unserer Rüstung entstehen läßt und es so dem Licht ermöglicht, einzudringen.

Regenbogen sind Symbole für die Bewegung des Bewußtseins durch die verschiedenen Wachstumsebenen, die durch die Spektralfarben repräsentiert werden. In fast allen Kulturen sind sie eine Brücke von dieser Welt in die nächste. Sie symbolisieren Transformation und das Versprechen eines Neubeginns. Wählen Sie einen Regenbogenkristall immer dann, wenn Sie daran erinnert werden möchten, daß es in Wirklichkeit keine Trennung zwischen einer höheren und einer niedrigeren, einer geistigen und einer materiellen Welt gibt.

Kurzbeschreibung

Symbolisiert ein göttliches Versprechen.
Symbolisiert die Brücke zwischen dieser Welt und der nächsten.
Repräsentiert die Harmonie zwischen den verschiedenen Bewußtseinsstadien.
Symbolisiert die höheren Ebenen der Existenz.
Ein starkes Symbol für Transformation und eine bessere Zukunft.
Symbolisiert das Wiedererlangen von Gesundheit und Harmonie.
Symbolisiert einen Neubeginn.
Ein Erste-Hilfe-Stein.
Ausgezeichneter Traumstein.
Stimuliert Optimismus und Hoffnung.
Erstklassiger Stein gegen Depressionen.
Unterstützt die Kommunikation mit dem Höheren Selbst.

Ermutigt uns, uns selbst soweit zu vertrauen, daß wir lieben können.
Fordert auf, sich selbst so zu lieben, wie man ist.
Gut bei Lektionen über bedingungslose Liebe.
Hilft, emotionale Zusammenbrüche zu verhindern.
Erstklassiges Hilfsmittel bei Lektionen, die mit den Eltern zusammenhängen.
Hervorragender Meditationsstein.
Erzeugt Selbstvertrauen in schüchternen Menschen.
Stimuliert selbstsicheres Verhalten.
Beruhigt und besänftigt.
Ein guter Stein für mediale Energie.
Guter Wahrsagestein.
Stimuliert mitfühlendes Verhalten.
Ein guter Schutzstein bei »stürmischer See«.
Erschafft ein starkes Verlangen nach Harmonie.
Reinigt seine Umgebung und lädt sie energetisch auf.
Hilft uns beim Umgang mit Lektionen über jede Form des Todes.
Erinnert uns daran, unsere Versprechen zu halten.
Löst Apathie auf.
Erzeugt Vertrauen.
Eine natürliche Brücke zwischen Geist und Materie.
Erinnert uns daran, daß wir viel mehr sind, als wir meistens glauben.
Erinnert uns, daß es keine wirkliche Trennung zwischen der geistigen und der materiellen Welt gibt.

Scannerkristall

Ein Scannerkristall ist ein Kristall mit einer oder mehreren breiten, flachen Seiten. Die meisten Scannerkristalle haben allerdings nur eine tabuläre Seite, während die anderen Seiten die übliche Kristallform besitzen. Scannerkristalle sind nicht unbedingt Tabularkristalle, da viele von ihnen keine richtigen Spitzen haben, können sie es aber sein. Oft sind sie gleichzeitig noch Empfängerkristalle, aber auch das ist kein Muß.

Scannerkristalle können benutzt werden, um Energiesysteme aller Art zu scannen. Halten Sie den Kristall dazu in der linken Hand und bewegen Sie ihn langsam über das Objekt oder die Person, die sie scannen wollen, ungefähr fünf Zentimeter über der Oberfläche. Alle Eindrücke, die Sie während des Scannens empfangen, werden im Scannerkristall festgehalten, bis Sie in der Lage sind, sie zu bearbeiten. Damit haben Sie die Möglichkeit, jeden Eindruck und jede Information nach einer Energiearbeit wieder hervorzuholen. Dies kann besonders dann von Nutzen sein, wenn sehr viele Informationen gleichzeitig auf Sie einstürzen oder Sie gezwungen sind, sich auf ein Hauptproblem zu konzentrieren.

Scannerkristalle helfen uns, ein sehr viel klareres Bild von unserer jeweiligen Energiearbeit zu bekommen. Aus genau diesem Grund werden sie oft von Menschen benutzt, die alternative Heilungsprozeduren durchführen. Ein Scannerkristall ist ein großartiges Hilfsmittel, um genau lokalisieren zu können, wo in einem Energiefeld die Energie am langsamsten fließt. Scanner können außerdem benutzt werden, um innerhalb eines Energiesystems Knoten zu entwirren oder rauhe Stellen zu glätten.

Scannerkristalle sehen oft sehr unattraktiv aus. Sie haben meist viele Lufteinschlüsse, die ihnen ein trübes Aussehen geben, so als seien sie viel benutzt worden. Die besten Scanner sind völlig klar, aber sie sind äußerst selten und sehr teuer.

Viele Kristallformen sind gleichzeitig auch Scanner (z. B. Empfänger-, Zeitsprung-, Isiskristall u. a.). Wenn Sie in der glücklichen Lage sind, Scanner in verschiedenen Formen zu besitzen, können sie sich für ein bestimmtes Thema den jeweils geeignetsten Stein heraussuchen. Wenn Sie zum Beispiel eine Person scannen wollen, um nach Knoten oder Blockaden aus der Vergangenheit zu suchen, ist ein Zeitsprungscanner besser geeignet als ein Scanner in Kometenform.

Kurzbeschreibung

Ein guter Erste-Hilfe-Stein.

Ausgezeichnetes Hilfsmittel, um Energieknoten zu lösen.

Hilft bei der Lokalisierung langsamer oder blockierter Energiezonen.

Hilft, die Energie eines Objektes oder einer Person zu scannen und zu interpretieren.

Speichert eingescannte Informationen für die spätere Wiedergabe.

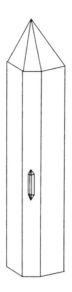

Schöpferkristall

Ein Schöpferkristall ist ein Kristall, der in sich einen vollständig ausgeformten kleineren Kristall trägt. Ein Schöpferkristall ist kein Mutter-Kind- oder Phantomkristall, sondern eine außergewöhnliche und sehr seltene Kristallformation (siehe auch Mutter-Kind-Kristall und Phantomkristall).

Schöpferkristalle sind außergewöhnlich gute Helfer, wenn es um das Erschaffen neuer Formen und neuer Dinge in unserem Leben geht. Die Konzentration auf einen Schöpferkristall erinnert uns daran, daß immer ein Same von Kreativität und neuer Energie in uns schlummert, der nur darauf wartet, bemerkt und geweckt zu werden.

Schöpferkristalle erinnern uns an den inneren Lehrer, dessen einziger Wunsch unser bewußtes Erwachen ist. Diese Kristalle bieten Unterstützung bei Meditationen und Traumarbeit und erweisen sich in Kristallmusterlegungen und bei Programmierungen als äußerst effektiv.

Kurzbeschreibung
Symbolisiert das, was hervortritt
Repräsentiert Fruchtbarkeit in allen Aspekten.
Ein Schamanenstein.
Ausgezeichneter Traumstein.
Exzellente Unterstützung bei Meditationen und Visualisierungen.
Regt alle Formen der Kreativität an.
Stimuliert das Verlangen, Tagträume Realität werden zu lassen.
Unterstützt beim Wahrsagen.
Ausgezeichnetes Hilfsmittel bei kreativer Transformation.
Regt das spirituelle Erwachen an.
Stimuliert und verstärkt Fruchtbarkeit auf allen Ebenen.
Ein gutes Hilfsmittel, um die eigene Lebensaufgabe zu finden.
Gut für Rückführungen in frühere Leben.
Eine Erinnerung daran, daß wir immer neues Wachstum erschaffen.
Erinnert uns an den inneren Lehrer.
Ausgezeichnet zum Programmieren.
Höchst empfehlenswert für Unternehmer aller Art.
Erinnert uns daran, daß wir immer im Stadium des Werdens sind, daß der Prozeß des Wachsens nie abgeschlossen ist.

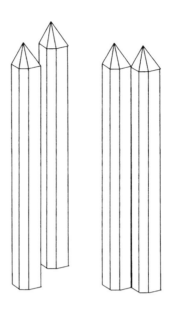

Seelengefährtenkristall

Zwei Seite an Seite wachsende, gleichgroße Quarzkristalle bilden einen Seelengefährtenkristall. Sie müssen nicht unbedingt direkt nebeneinander wachsen, einer kann auch etwas unter dem anderen stehen, Hauptsache ist, daß sie gleichgroß und gleichlang sind.

Ein Seelengefährte wird oft als »die Liebe unseres Lebens« bezeichnet, in Wirklichkeit aber haben wir alle nicht nur einen, sondern mehrere Seelengefährten. Seelengefährten müssen auch nicht durch Liebesbeziehungen verbunden sein. Ein Seelengefährte ist jemand, mit dem wir eine tiefe, unzerstörbare Beziehung auf der Seelenebene haben, und der uns so sehr liebt, daß er alles tun wird, was unser spirituelles Wachstum fördert. Und wir alle wissen mittlerweile, daß das nicht immer erfreuliche Erfahrungen sein müssen.

Manche Menschen glauben, daß Seelengefährten die zwei Hälften einer Bewußtseinseinheit sind, die sich aus evolutiven Gründen getrennt haben. Andere glauben, daß wir Hunderte, sogar Tausende von Seelengefährten haben. Aber egal woran Sie glauben, ein Seelengefährtenkristall wird Ihnen helfen, sich mit Ihrem Seelengefährten zu verbinden, mit jemandem, der für Ihr Leben und Ihr Wachstum im Moment wichtig ist.

Seelengefährtenkristalle sind ausgezeichnete Meditations- und Traumsteine. Sie helfen uns, mit den vielen Aspekten unseres Selbst in Kontakt zu kommen und sie zu integrieren, so daß wir uns schließlich wieder mit der Essenz unserer Seele verbinden können (dies wird durch Halit noch unterstützt).

Kurzbeschreibung

Symbolisiert die Wiedervereinigung mit unserer anderen Hälfte, unserem Seelengefährten.

Ausgezeichneter Traumstein.

Hilft uns, einen unserer vielen Seelengefährten anzuziehen.

Großartiges telepathisches Kommunikationsmittel.

Verstärkt unsere natürliche Sinnlichkeit.

Verschafft Zugang zu Erinnerungen aus früheren und parallelen Leben.

Verstärkt die Verträglichkeit zwischen verschiedenen Energien.

Hervorragender Meditationsstein.

Gut, wenn man an seiner inneren Balance arbeitet.

Außerordentlich gutes Hilfsmittel beim Channeln.

Verstärkt die Kommunikation zwischen dualen Energien.

Guter Wahrsagestein.

Erschafft mediale Energie.

Hilft (besonders in Verbindung mit Zinkspat) bei der Bearbeitung von Ängsten vor Beziehungen und Sicheinlassen.

Verbindet uns (besonders in Verbindung mit Halit) mit den vielen verschiedenen Ausdrucksformen unseres Selbst.

Selbstheilender Kristall

Ein selbstheilender Kristall ist ein Quarzkristall, der noch in der Erde von seiner ursprünglichen Matrix abgebrochen ist. Später tropfte dann neue Nährlösung über das abgebrochene Ende, und so entstanden über der Bruchstelle neue Kristalle. Der Kristall heilte wortwörtlich seine eigenen Wunden. Selbstheilende Kristalle haben große Erschütterungen überlebt und haben es geschafft, das beste aus der Situation zu machen. Sie haben die potentiellen Katastrophen genutzt, um sich in eine neue, sehr produktive Form umzuwandeln.

Selbstheilende Kristalle sind ausgezeichnete Steine für jeden, der Heilung braucht – physisch, emotional, mental oder spirituell. Sie unterstützen vor allem die Menschen, die mit großen emotionalen Problemen, mit Traumata oder Süchten zu kämpfen haben. Süchte bedeuten immer, daß man unfähig ist, etwas gehen zu lassen: ein Verhalten, eine Person, einen Glauben oder Tabak, Alkohol und Drogen. Selbstheilende Kristalle sind deutliche Erinnerungen daran, daß wir nicht nur die Fähigkeit haben, unsere Wunden selbst zu heilen, sondern daß wir in diesem Prozeß auch stärker und schöner werden. Wir werden etwas, was wir vor der Verletzung nicht waren. Sie erinnern uns daran, daß die Abtrennung von der ursprünglichen Quelle uns weder bedroht noch erniedrigt. Wir sind alle in uns abgeschlossene Wesen, die sich auch mit vielen Wunden ihrer Bestimmung gemäß verhalten.

Kurzbeschreibung
Symbolisiert unsere Fähigkeit zur Selbstheilung.
Einer der besten Erste-Hilfe-Steine.
Hilft, den physischen Auswirkungen des Alterns zu widerstehen.
Ein guter Freund in Zeiten von Kummer und Verlust.

Hilft bei der Überwindung von Süchten.
Gutes Hilfsmittel bei der Bearbeitung von Schuldgefühlen.
Höchst empfehlenswert für alle Traumata.
Bekämpft Streß, auch unkontrollierbaren.
Gutes Hilfsmittel bei Gewichtsproblemen.
Ermutigt zu Taten.
Ausgezeichnet zum energetischen Aufladen.
Ausgezeichneter Energieschild.
Hilft bei der Auseinandersetzung mit Ängsten jeder Art.
Gut für jeden, der mit den Auswirkungen eines Mißbrauchs umgehen muß.
Eine gute Erinnerung daran, daß wir immer für unsere Handlungen verantwortlich sind.
Ausgezeichnet bei Reinigungskuren.
Repräsentiert die Weisheit des Höheren Selbst, die durch Lebenserfahrung erlangt wurde.
Erinnert uns daran, daß wir auch dann noch ganz sind, wenn wir von unserer ursprünglichen Quelle abgetrennt sind.

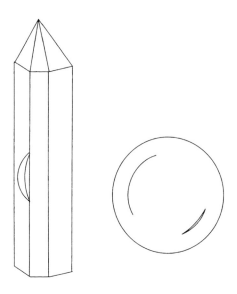

Selenenkristall

Selenenkristalle sind nach der Mondgöttin Selene benannt. Jeder Quarzkristall mit einem runden Einschluß, der an die Mondphasen erinnert, ist ein Selenenkristall. Diese natürliche Krümmung innerhalb des Kristalls kann ein vollständiger Kreis (Vollmond), ein Halbkreis oder auch nur eine schmale Sichel sein, die dann den Neumond repräsentiert.

Meditationen mit einem Selenenkristall helfen uns, stärker mit unseren intuitiven, sensitiven, mitfühlenden und umsorgenden Qualitäten in Verbindung zu kommen. Ein Selenenkristall verstärkt den Kontakt mit unseren Yin-Eigenschaften, egal ob wir nun Mann oder Frau sind. Dieser Kristall ist sehr beruhigend und ein exzellenter Traumstein. Für erholsamen Schlaf und friedliche Träume sollte er unter das Bett oder unter das Kopfkissen gelegt werden.

Da Selenenkristalle mit der Mondgöttin und allen anderen Mondgottheiten verbunden sind, sind sie ein wundervolles Geschenk für jeden, der Schwierigkeiten hat, seine Yin-Eigenschaften zu erleben und auszudrücken. Dies gilt besonders für Menschen, die Schwierigkeiten haben, mit ihren Gefühlen in Kontakt zu kommen.

Selenenkristalle regen natürliche mediale Fähigkeiten an. Sie bescheren uns Einsicht in die Mysterien, verstärken die Verbindung zum inneren Selbst und sorgen bei alledem noch dafür, daß wir in Kontakt mit unseren wirklichen Gefühlen bleiben.

Selene ist die Mutter des Universums, die unendliche große Mutter, die erste Frau, der Grund und die Messung der Zeit und diejenige, die die Schöpfungszyklen hervorbrachte. Der Mond selbst wird oft als Spiegel der Göttin angesehen, der alles innerhalb der physischen Welt widerspiegelt.

Der Mond war schon immer das Zeichen der großen Mutter und aller Königinnen des Himmels und wurde als »Geliebte der Sonne« und »Auge der Nacht« bezeichnet. Er repräsentiert Zyklen und Rhythmen, die Entstehung von etwas in seiner eigenen Zeit, Wiederauferstehung, mediales und intuitives Gewahrsein, Liebe, Frieden, das Unbewußte, Gefühle, Magie, Mystik, den Geist, der Körper und Seele zusammenhält, und die instinkthafte Natur. Er wurde immer als Wächter über die Zeit angesehen, der unser Schicksal bestimmt. Und so wie der Mond kein eigenes Licht besitzt, sondern durch die Reflektion der Sonne leuchtet, symbolisiert auch ein Selenenkristall unsere Bereitschaft, dem Licht zu folgen, sich in ihm zu sonnen und es zu reflektieren.

Symbolisiert alle Mondgottheiten.
Repräsentiert die natürlichen Schöpfungszyklen.
Symbolisiert richtiges Timing und das Geschehen der
Dinge in ihrer eigenen Zeit.
Ein hervorragender Traumstein.
Ein guter Erste-Hilfe-Stein.
Verstärkt die natürliche Intuition.
Verstärkt mediale Energie.
Erzeugt ein starkes Verlangen nach Selbstbetrachtung.
Mildert überschüssige Yang-Energie.
Verstärkt alle Yin-Energien und -verhaltensweisen.
Enormer Kreativitätsverstärker.
Verhilft zu friedlichem und erholsamem Schlaf.
Hilft bei der Bearbeitung von Ärger und Frustration.
Ein guter Stein für geistige Ausgeglichenheit.
Hilft in der Auseinandersetzung mit dem Ego.
Ein großartiges Hilfsmittel, um Einsicht in die Mysterien
zu erlangen.
Hält uns in Verbindung mit dem inneren Selbst.
Verhilft Frauen zu mehr Freude an ihrer Weiblichkeit.
Hilft Männern, mit ihren Gefühlen und ihren sensiblen
Seiten in Kontakt zu kommen.
Guter Begleiter in Zeiten des Übergangs und am Ende
eines Zyklus.
Hilft, Veränderungen besser anzunehmen.
Tröster bei Vollmond.
Erinnert uns daran, daß das ganze Leben sich in Zyklen
bewegt und in ständiger Veränderung begriffen ist.
Hilft bei der Kommunikation mit geistigen Lehrern (be-
sonders in Kombination mit Pyrit).

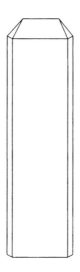

Tabularkristall

Ein Tabularkristall ist ein Kristall mit einem abgeflachten, tafeligen Habitus, bei dem zwei sich gegenüberliegende Seiten mindestens doppelt so breit sind wie die anderen. Tabularkristalle sind die Kommunikationsexperten der Kristallfamilie. Sie verstärken die Kommunikation zwischen allen Arten von Energie und balancieren sie gleichzeitig. Einen Tabularkristall in der Nähe zu haben, garantiert einen produktiven Energieaustausch mit anderen Menschen (besonders wenn sie ihn mit einem Stück Pyrit kombinieren).

Tabularkristalle überbrücken die Kluft zwischen Herz und Verstand. Sie helfen uns, unsere Gefühle in mentales Verstehen und verbalen Ausdruck zu übersetzen. Sie können zwar keine alten mentalen Muster aufbrechen, aber sie sind wunderbare Brücken zwischen den »höheren« und »niedrigeren«, den inneren und den äußeren Elementen unseres Selbst, dem Bewußtsein und dem Unterbewußtsein. Denken Sie einfach an *Brücke* und *Kommunikation*, wenn Sie einen Tabularkristall sehen.

Kurzbeschreibung

Symbolisiert die Brücke zwischen Herz und Verstand.
Der Kommunikationsexperte der Kristallfamilie.
Ein ausgezeichneter Traumstein.
Ein guter Erste-Hilfe-Stein.
Hervorragend zum Ausbalancieren von Emotionen.
Erschafft eine Kommunikationsbrücke zwischen Geist und Materie.
Verstärkt einen produktiven Energiefluß.
Ausgezeichnetes Werkzeug zum Channeln.
Hilft uns, von einer Ebene auf die nächste zu gelangen.
Überbrückt die Kluft zwischen innerem und äußerem Selbst.
Schafft eine Verbindung zwischen dem vierten, dem fünften und dem sechsten Chakra.
Erstklassig zum Streßabbau.
Überbrückt die Kluft zwischen unseren Gefühlen und ihrem verbalem Ausdruck.
Erstklassiges Verbindungsstück in Kristallmusterlegungen.
Erleichtert die Kommunikation zwischen Bewußtsein und Unterbewußtsein.
Verstärkt (besonders in Verbindung mit Pyrit) jede Form von Kommunikation.

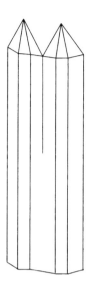

Tantrischer Zwillingskristall

Tantrische Zwillingskristalle sind Kristalle, bei denen zwei separate Spitzen aus einer gemeinsamen Basis entspringen. Diese Kristallform besteht nicht aus zwei zusammengewachsenen Individuen, sondern sie ist *ein* Kristall mit zwei Spitzen, wie zwei Köpfe auf einem Körper. Dabei müssen die Spitzen nicht unbedingt gleichgroß sein. Tantrische Zwillinge sind weder Seelengefährtenkristalle noch Kristalle der geistigen Führer (siehe auch Seelengefährtenkristall, Kristall der geistigen Führer). Manche tantrischen Zwillinge werden auch Siamesische Zwillinge genannt, sie sind dann exakte Spiegelbilder voneinander.

Das Wort »Tantra« kommt aus dem Sanskrit und bedeutet »Gewebe«, »Verbindung«. Unsere wichtigste Verbindung ist immer die mit unserem wahren Selbst. Und die letztendliche Vereinigung, nach der wir alle streben, ist die der Seele mit ihrer ursprünglichen Quelle, wie immer wir sie auch nennen mögen – Lebenskraft, Alles-was-ist, Tao oder Gott.

Tantrische Zwillingskristalle sind eifrige Helfer in menschlichen Beziehungen aller Art. Sie bereiten uns darauf vor, unsere Zwillingsessenz oder Seelengefährten auf einem hohen Energieniveau in unser Leben zu lassen (siehe auch Seelengefährtenkristall, Zwillingsflammenkristall). Tantrische Zwillinge sind außerordentlich effektiv, wenn es darum geht, eine tiefe Bindung zwischen zwei Menschen zu bearbeiten. Sie sind wundervoll, wenn zwei Menschen bereits auf tiefer Ebene vereinigt sind und dieses Band noch verstärken wollen.

Man benutzt einen tantrischen Zwillingskristall genau wie eine tantrische Übung oder ein tantrisches Werkzeug. Richtig angewandt, kann ein tantrischer Zwillingskristall uns zur Disziplin des Tantra führen, deren Ziel es ist, den göttlichen Funken in jedem Menschen zu befreien. Man kann einen tantrischen Zwilling auch benutzen, um hinter die Illusion von Raum und Zeit zu blicken und das Konzept des Nirvana zu verstehen, der Gewahrsamkeit ohne Inhalt, des Nichtseins.

Kurzbeschreibung
Symbolisiert die Vereinigung mit dem Einen, dem Alles.
Repräsentiert den spirituellen Liebhaber.
Der Kraftstein – aber mit Vorsicht zu benutzen!
Ausgezeichneter Traumstein.
Hilft, Liebe anzuziehen.
Unterstützt den Prozeß der Vereinigung mit dem Höheren Selbst.
Verstärkt die Kompatibilität zwischen Individuen.
Stimuliert und verstärkt unsere natürliche Sinnlichkeit auf allen Ebenen, nicht nur sexuell.
Guter Meditationsstein für Paare.

Ein ausgezeichneter Energieschild.
Hilft uns, realistischer mit Beziehungen umzugehen.
Schenkt uns ein Spiegelbild unserer anderen Hälfte, unserer Zwillingsseele.
Hilft, Energie zu halten und sie dann besser loslassen zu können.
Exzellent in der Auseinandersetzung mit Sexualität.
Hilft uns, unseren göttlichen Funken leuchten zu lassen.

Transmitterkristall

Ein Transmitterkristall ist ein Kristall mit zwei symmetrischen siebenseitigen Endflächen, zwischen denen sich eine dreieckige Endfläche befindet.

Transmitterkristalle repräsentieren das mathematische Verhältnis 7:3:7, ein Symbol für persönliche Macht (die Zahl Drei), die durch die Energie der perfekten Ordnung (zweimal die Sieben) im Gleichgewicht gehalten wird. Transmitterkristalle sind ausgezeichnete Hilfsmittel, um unsere Kommunikationsfähigkeit auf allen Ebenen zu klären und zu verfeinern.

Transmitterkristalle sind oft zusätzlich Chronikhüterkristalle mit besonderen Informationen für bestimmte Menschen (siehe auch Chronikhüterkristall). Ihre Auswirkungen sind leicht yangbetont (maskulin), und sie sollten immer mit der Spitze nach oben benutzt werden. Von Transmitterkristallen wird angenommen, daß sie die dritte Dimension direkt mit höheren Existenzebenen verbinden.

Transmitterkristalle verbinden unseren bewußten mit dem universalen Verstand. Sie sind hervorragende Hilfsmittel für Affirmationen und Manifestationen. Aber seien Sie sich völlig klar, was Sie übermitteln wollen, denn Sie werden haargenau das erhalten, worum Sie gebeten haben. Diese Kristalle sind ausgezeichnete Traumsteine und gute Hilfsmittel für die telepathische Kommunikation. Transmitterkristalle verstärken intuitive Fähigkeiten und helfen dann, das Gelernte zu integrieren.

Transmitterkristalle sind ausgezeichnete Werkzeuge zur Selbstüberprüfung und -ausbalancierung. Sie helfen, mit der Entwicklung und Verstärkung unserer eigenen inneren Kraft besser umgehen zu können. Außerdem tragen sie natürlich die gesamte Symbolik der Zahlen Drei und Sieben.

Kurzbeschreibung
Symbolisiert Vertrauen auf der kosmischen Ebene.
Ausgezeichneter Traumstein.
Stimuliert und intensiviert intuitive Fähigkeiten.
Ausgezeichnetes Hilfsmittel für die telepathische Kommunikation.
Gut für Affirmationen.
Ausgezeichneter Unterstützer bei der Bearbeitung von Lektionen über persönliche Macht.
Verbindet unseren bewußten mit dem universalen Verstand.
Hilft, unsere Kommunikationsfähigkeit zu klären und zu verfeinern.
Verbindet die dritte Dimension mit den Energien des universalen Verstandes.

Repräsentiert persönliche Macht, die durch perfekte Ordnung und göttliche Harmonie im Gleichgewicht gehalten wird.

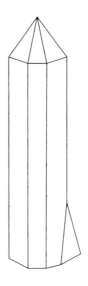

Triggerkristall

Ein Kristall mit einem kleineren Kristall an der Basis ist ein Triggerkristall. Manche Triggerkristalle können den kleineren Kristall auch etwas weiter oben am Körper haben. In vielen Fällen ist der kleine Kristall nicht vollständig ausgebildet, sondern ähnelt eher einer zusätzlich angefügten Stütze an der Basis des großen Kristalls. Unsere Zeichnung zeigt einen Generatortrigger, Triggerkristalle können aber auch jede andere Kristallform besitzen. Es gibt Isistrigger, Zeitsprungtrigger, Empfängertrigger usw. (Wenn Sie einen Osiristrigger besitzen, sollten Sie immer sichergehen, daß er nicht geladen ist, bevor Sie ihn auf jemanden richten.)

Triggerkristalle ermöglichen kurze, intensive Energieschübe, die man in Kristalle oder in alle möglichen anderen Dinge lenken kann. Wenn man den kleinen Kristalltrigger an der Basis drückt, wird ein konzentrierter, enorm verstärkter Energiestoß aus der Spitze des großen Kristalls abgefeuert.

Triggerkristalle werden bei alternativen Heilungen benutzt, um Energie fokussiert und konzentriert an einen bestimmten Punkt zu bringen. Diese Kristalle sollten nur mit einigem Wissen und viel Erfahrung angewendet werden. Sie sind darüber hinaus sehr starke Schutzsteine und vermitteln uns die Botschaft: »Gehe wohin du willst, ich passe auf dich auf.«

Kurzbeschreibung

Symbolisiert kraftvolle, fokussierte Energie.

Stößt konzentrierte Energie in kurzen, intensiven Schüben aus.

Verstärkt unsere Entscheidungsfähigkeit.

Hilft, persönliche Illusionen aufzulösen.

Löst ein starkes Verlangen nach Unabhängigkeit aus.

Löst unbewußte Unsicherheiten auf, die unsere Vorwärtsbewegung hemmen.

Guter Meditationsstein.

Verstärkt Gedankenformen.

Hilft, persönliche Lektionen besser zu verstehen.

Erstklassiger Schutzstein.

Stärkt das Selbstvertrauen.

Gutes Hilfsmittel bei der Bearbeitung von Ängsten aller Art.

Hält und verändert Energien.

Hervorragendes Hilfsmittel für alternative Heiler.

Wasserwaage

Ein Wasserwaagenkristall ist ein Quarzkristall, in den während des Wachstums ein Wassertropfen eingeschlossen wurde. Wenn man in den Kristall hineinblickt, kann man dieses eingeschlossene Wasser sehen, das sich wie die Luftblase in einer Wasserwaage hin- und herbewegt. Diese Quarzform ist außerordentlich selten und sollte wirklich niemals direktem Sonnenlicht ausgesetzt werden.

Man kann den Wasserwaagenkristall benutzen, um sein Gleichgewicht zu testen oder um verlorengegangene Balance wiederzuerlangen. Er ist ein hervorragendes Hilfsmittel, das durch die Verbindung von Kristall und Wasser die Kommunikation auf allen Ebenen unterstützt. Als Behältnis eines uralten Elementes (Wasser) kann dieser Kristall Zugang zur physischen Zeit gewähren: Vergangenheit, Gegenwart und Zukunft. Wasser an sich ist ein sehr komplexes Symbol, eigentlich sogar das mit der größten Bandbreite an Interpretationen. In vielen Kulturen ist es der Schöpfer, der Ursprung allen Lebens. Es ist die Quelle allen Potentials der physischen Existenz und symbolisiert oft das Nichtmanifestierte, die große Mutter, das Yin-Prinzip. Wasser repräsentiert außerdem Kontinuität und gleichzeitig ständigen Wandel, der allen Lebensformen eigen ist.

Kurzbeschreibung
Symbolisiert perfektes Gleichgewicht in der Welt der Materie.
Repräsentiert den Geist, der in der Materie enthalten ist und von ihr gehalten wird.
Außergewöhnlich guter Traumstein.
Eine große Hilfe beim Ausbalancieren jeder Art von Energie.
Ermöglicht Zugang zum Konzept der physischen Zeit.

Ausgezeichnetes Hilfsmittel für die telepathische Kommunikation.
Gutes Hilfsmittel für Menschen mit Höhenangst.
Ausgezeichnetes Hilfsmittel, um Informationen zur Erdgeschichte zu bekommen.
Empfehlenswert für jeden, der große Angst vor dem Leben auf dieser Erde hat.
Erinnert uns an unser enormes Potential in der Materie.

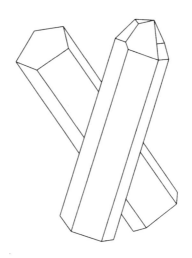

X-Kristall

Ein X-Kristall besteht aus zwei Kristallen, die so zusammengewachsen sind, daß dabei die Form des Buchstaben X entstanden ist. Dieser Kristall hat die besondere Fähigkeit, Yin- und Yangenergien in Harmonie zu bringen. Oft wird er in Kristallmusterlegungen für diese Aufgabe verwendet, obwohl er etwas mehr Yang- als Yinenergie enthält.

X-Kristalle sind ausgezeichnet für jeden, der mit seinen natürlichen Yangenergien in Kontakt kommen oder sie verstärken will. Diese Kristalle sind großartig zum energetischen Aufladen und helfen uns, Selbstvertrauen und Selbstbewußtsein aufzubauen. Außerdem sind sie wundervolle Unterstützer, wenn man eine ausgewogene Entscheidung treffen will oder eine Gewinnsituation erschaffen möchte.

Ein X-Kristall symbolisiert die Umkehrung einer Sache, völliges Gleichgewicht, die Vollendung des Kreises durch die vollkommene Ausgewogenheit, das Andreas-Kreuz

und die Zahl Zehn. X markiert einen Kreuzungspunkt und
unterstützt wundervoll bei Affirmationen. Dieser Stein ist
der perfekte Partner für einen Y-Kristall.

Kurzbeschreibung
Symbolisiert Vollendung durch völliges Gleichgewicht.
Symbolisiert Stabilität, die Umkehrung von etwas und
die Zahl Zehn.
Ausgezeichneter Schutzstein.
Stimuliert Mut und Selbstvertrauen.
Gut für Programmierungen und Kristallmusterlegungen.
Balanciert Yin-Yangenergien mit einer leichten Betonung
auf Yang aus.
Gut für den männlichen spirituellen Krieger in uns.

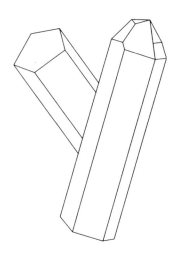

Y-Kristall

Ein Y-Kristall besteht aus zwei Kristallen, die so zusammengewachsen sind, daß der Buchstabe Y entstanden ist. Ein Y-Kristall ist der perfekte Partner für einen X-Kristall. Y-Kristalle haben die besondere Fähigkeit, Yin- und Yangenergien auszubalancieren. Besonders in Kristallmustern werden sie oft für diese Aufgabe verwendet, auch wenn ihre Energie etwas stärker yinbetont ist.

Y-Kristalle sind gut für jeden, der in Kontakt mit seinen weiblichen spirituellen Eigenschaften kommen möchte. Sie sind gute Hilfsmittel für die telepathische Kommunikation und helfen uns, mit unseren intuitiven Fähigkeiten in Kontakt zu kommen.

Y repräsentiert den Punkt der gegenseitigen Durchdringung. Für Pythagoras war es das Zeichen des menschlichen Lebens. Die Basis symbolisiert die Unschuld eines Kindes und die zwei Arme die Fähigkeit des Erwachsenen, zwischen Gut und Böse zu unterscheiden. Y symbolisiert außerdem die Wege der linken und der rechten Hand, sich trennende Wege und Kreuzungen, die von verschiedenen Gottheiten bewacht werden.

Kurzbeschreibung
Symbolisiert den Punkt der gegenseitigen Durchdringung.
Repräsentiert die Menschheit, deren Wurzeln in Unschuld liegen.
Ein gutes Hilfsmittel, um Intuition und telepathische Fähigkeiten zu entwickeln.
Ausgezeichnet für Programmierungen und Kristallmuster.
Balanciert Yin-Yangenergien mit einer leichten Yinbetonung aus.
Gut für den weiblichen spirituellen Krieger in uns.

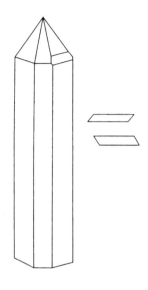

Zeitsprungkristall

Ein Quarzkristall, bei dem an einer Endfläche ein Parallelogramm anschließt, ist ein Zeitsprungkristall. Das Parallelogramm ist ein uraltes Symbol für die Kraft, die in uns entsteht, wenn wir bereit sind, uns auf neue Ideen einzulassen. Ist das Parallelogramm nach links geneigt, unterstützt es uns beim Erreichen unserer Ziele. Neigt es sich dagegen nach rechts, ist dieser Kristall ein wundervolles Hilfsmittel, um unsere natürliche Inspiration und Kreativität anzuregen.

Wenn Sie mit einem Zeitsprungkristall schlafen oder meditieren, hilft er Ihnen, Ihre intellektuellen Probleme mit dem Konzept der Zeit zu entwirren. Zeitsprungkristalle sind sehr nützlich, wenn es darum geht, die Evolution unseres Selbst durch die Zeit zurückzuverfolgen. Da Zeitsprungkristalle die Zeit verstehen und innerhalb und außerhalb ihres Einflußbereiches arbeiten, sind sie ausgezeichnete Hilfsmittel für die telepathische Kommunikation.

Zeitsprungkristalle sollten immer im Bewußtsein dessen benutzt werden, was sie repräsentieren. Ist das Parallelogramm nach rechts oder links geneigt? Es ist wie mit allen durch Kristalle erhaltenen Informationen: Vergewissern Sie sich, daß Sie es wirklich wissen wollen, und seien Sie bereit für die Antwort. Und fragen Sie klar und präzise.

Kurzbeschreibung

Symbolisiert unsere Fähigkeit, uns über den gegenwärtigen Stand unseres Seins zu erheben.
Repräsentiert unsere Bereitschaft, zu lernen und zu wachsen.
Ein Schamanenstein.
Ausgezeichneter Traumstein.
Ausgezeichnetes Hilfsmittel beim Channeln.
Erstklassiger Unterstützer bei Übungen, die in frühere oder parallele Leben führen.
Gute Hilfe beim Wahrsagen.
Hilft, sich in der physikalischen Zeit wohler zu fühlen.
Erinnert daran, geduldig zu sein und sich Zeit zu lassen.
Hilft, die Illusionen und Lehren der Zeit zu erkennen.
Verbindet Vergangenheit, Gegenwart und Zukunft.
Unterstützt uns beim Zugang zu parallelen Realitäten.
Ein gutes Hilfsmittel bei der Bearbeitung von Lektionen über den Tod.
Gut, wenn man ein Ziel erreichen will (nach links geneigtes Parallelogramm).
Regt Kreativität und Inspiration an (nach rechts geneigtes Parallelogramm).
Assistiert uns bei der Bearbeitung von Problemen, die mit unserem persönlichen Zeitbegriff zusammenhängen.

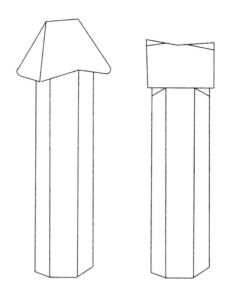

Zepterquarz

Ein Zepterquarz ist ein Kristall, dessen Spitze von einem jüngeren Kristall überwachsen wurde, was dann wie eine Kappe aussieht. Zepterkristalle ähneln den Zeptern, die von Königen und Königinnen getragen werden. Sie sind aber keine Phantom- oder Schöpferkristalle (siehe auch Phantom- und Schöpferkristall).

Zepterkristalle verbinden das siebte, achte, neunte und zehnte Chakra und ermöglichen einen ruhigen und klaren Energiefluß zwischen ihnen. Sie erinnern uns daran, wer wir wirklich sind: die Söhne und Töchter eines spirituellen Königreiches. Sie sollten einen Zepterkristall immer dann benutzen, wenn Sie mit Ihrer wahren Essenz in Verbindung sein wollen. Oder wenn Sie sicher sein wollen, daß Sie aus Ihrem wahren Selbst und nicht aus dem Ego heraus handeln.

Zepter symbolisieren Souveränität, Autorität, göttliche oder königliche Macht und Herrschaft. Außerdem sind sie starke Phallussymbole. Zepter sind schon immer mit den Gottheiten des Himmels in Verbindung gebracht worden. Für die Buddhisten symbolisiert das diamantene Zepter die größte Macht Buddhas, während die frühen Christen es mit dem Erzengel Gabriel in Verbindung brachten. Für die Hindus repräsentiert ein Zepter das *Dharma*, die höchste Autorität der kosmischen Ordnung.

Kurzbeschreibung

Symbolisiert göttliche Autorität.
Repräsentiert die Übertragung der Lebensenergie.
Symbolisiert neue Informationen, die alte überlagern und beglaubigen.
Ein Erste-Hilfe-Stein.
Ausgezeichneter Traumstein.
Erinnert uns daran, wer wir wirklich sind und wo wir hingehören.
Ausgezeichnetes Hilfsmittel beim Channeln.
Etabliert eine enge Verbindung zum Geist und zu unserer wahren Essenz.
Ein guter Fruchtbarkeitsstein.
Erschafft mediale Energie.
Hervorragender Schutzstein.
Gutes Hilfsmittel für die telepathische Kommunikation.
Guter Vertrauensbildner.
Ermutigt, zu handeln und dafür einzustehen.
Verbindet das siebte, achte, neunte und zehnte Chakra.
Ermöglicht eine direktere Verbindung mit dem Höheren Selbst.
Gute Erinnerung an unsere Verantwortung allem Leben gegenüber.
Erinnert uns daran, uns unserer Taten stärker bewußt zu sein, besonders da, wo sie andere betreffen.

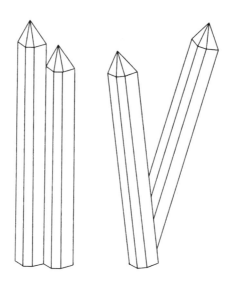

Zwillingsflammenkristall

Zwillingsflammenkristalle sind zwei annähernd gleichgroße Kristalle, die Seite an Seite wachsen oder an der Basis V-förmig verbunden sind. Im Gegensatz zum Seelengefährtenkristall sind die beiden Einzelkristalle bei dieser Quarzform aber nicht völlig gleichgroß (siehe Seelengefährtenkristall).

Die Konzentration auf einen Zwillingsflammenkristall hilft uns, Menschen anzuziehen, deren spirituelle Entwicklung mit der unsrigen kompatibel ist. Verwandte Seelen, die mit unserer auf einer platonischen, nicht auf einer romantischen oder sexuellen, Ebene verbunden sind. Zwillingsflammen können Bruder, Schwester, Eltern, Kind, Freund, Chef, Mitarbeiter oder Lehrer sein oder einfach nur ein Mensch, der eines Tages überraschend in unserem Leben auftaucht.

Zwillingsflammenkristalle fungieren als Spiegel, die uns zeigen, wie wir unserer Inneres der äußeren Welt präsentieren. Sie zeigen uns deutlich, wer wir sind und wie wir uns im Moment damit fühlen. Diese Kristalle sind hervorragende Hilfsmittel, um eine mediale Verbindung mit unseren eigenen Zwillingsflammen aufzubauen. Diese Menschen werden dann genau in dem Moment, in dem wir sie am dringendsten brauchen, die richtigen Worten oder Ideen in unser Leben bringen.

Kurzbeschreibung
Symbolisiert »Gleiches zieht Gleiches an«.
Zieht mit uns verbundene, spirituelle Freunde an.
Ein ausgezeichneter Kommunikationsstein, besonders für die telepathische Kommunikation.
Zieht platonische Liebesbeziehungen an.
Verschafft Zugang zu Erinnerungen an frühere und parallele Leben.
Channelt Energiemuster unserer Zwillingsflammen.
Verstärkt unsere Fähigkeit, funktionierende Beziehungen aufzubauen.
Ausgezeichnetes Hilfsmittel, um mediale Verbindungen mit anderen herzustellen.
Hilft uns zu erkennen, wie wir der äußeren Welt unsere inneren Gefühle zeigen.
Bringt uns mit anderen Menschen in Kontakt und zeigt uns dadurch verdrängte Eigenschaften unseres Selbst.

Weiterführende Literatur

Baer, Vicki & Randall N.: *Windows of Light: Quarz Cristals and Self-Transformation*, Harper & Row, 1984

Bauer, Jaroslav/Bousk, Vladimir: *A Guide in Color to Precious and Semiprecious Stones*, Chartwell Books, 1989

Bolen, Jean Shinoda: *Göttinnen in jeder Frau. Psychologie einer neuen Weiblichkeit*, Hugendubel, München, 6. Aufl. 1995

Bonewitz, Ra: *Der Kosmos der Kristalle. Vom Umgang mit Mineralien, ihren Energien und Heilwirkungen*, Kösel, München 1987

Burka, Christa: *Kristall-Energien. Leben mit Kristallen*, Peter Erd, München 1987

Cirlot, J.E.: *A Dictionary of Symbols*, Dorset Press, 1991

Cooper, J.C.: *An Illustrated Encyclopedia of Traditionell Symbols*, Thames and Hudson, Ltd., 1992

Deaver, Korra: *Die Geheimnisse des Bergkristalls: Eine Anleitung zum Gebrauch seiner magischen Kräfte*, Windpferd, Aitrang, 4. Aufl. 1991

Dolfyn: *Crystal Wisdom, Spiritual Properties of Crystals & Gemstones*, Earthspirit, Inc., 1989

Gardner, Joy: *A Journey Trough the Chakras*, The Crossing Press, 1988

Gurudas: *Heilung durch die Schwingungen der Edelsteinelixiere*, 2 Bände, Neuhausen am Rheinfall, Band I 1989, Band II 1990

Keyte Geoffrey: *Die geheimnisvolle Kraft der Edelsteine und Kristalle*, Goldmann, München 1995

Markham, Ursula: *Universelle Kräfte von Edelsteinen und Kristallen*, Hugendubel, München, 3. Aufl. 1993

Palmer, Magda: *Die verborgene Kraft der Kristalle und der Edelsteine*, Heyne, München 1996

Raphaell, Katrina: *The Crystalline Transmission, Vol. 3*, Aurora Press, 1990

Raphaell, Katrina: *Wissende Kristalle. Für unsere spirituelle Entwicklung, zur Heilung und zur Harmonisierung des Alltags,* Ansata, Interlaken, 5. Aufl. 1990

Raphaell, Katrina: *Heilen mit Kristallen. Die therapeutische Anwendung von Kristallen und Edelsteinen,* Droemer Knaur, München 1992

Raphaell, Katrina: *Crystal Enlightenment, Vol. 1,* Aurora Press, 1985

Silbey, Uma: *Die Heilkraft der Kristalle,* Peter Erd, München 1988

Troyer, Patricia: *To The Mind: A Dream Symbol Guidebook,* Stone People Publishing Company, 1985

Wabun Wind/Reed, Alexander: *Lightseeds,* Prentice Hall, 1988

Wabun Wind/Reed, Anderson: *Die Macht der heiligen Steine. Kristallarbeit und Kristallwissen,* Goldmann, München 1993

Walker, Barbara G.: *Das geheime Wissen der Frauen. Ein Lexikon,* dtv, München 1995